蔬菜设施栽培实用技术

严志萱　主编

U0215065

浙江科学技术出版社

图书在版编目（CIP）数据

蔬菜设施栽培实用技术 / 严志萱主编. — 杭州：浙江
科学技术出版社，2016.8（2017.8重印）
ISBN 978-7-5341-7265-6

Ⅰ.①蔬…　Ⅱ.①严…　Ⅲ.①蔬菜园艺－设施农
业　Ⅳ.①S626

中国版本图书馆CIP数据核字（2016）第204702号

书　　名　蔬菜设施栽培实用技术
主　　编　严志萱

出版发行　**浙江科学技术出版社**
　　　　　杭州市体育场路347号　邮政编码：310006
　　　　　办公室电话：0571-85176593
　　　　　销售部电话：0571-85176040
　　　　　网　址：www.zkpress.com
　　　　　E-mail：zkpress@zkpress.com

排　　版　杭州兴邦电子印务有限公司
印　　刷　浙江新华印刷技术有限公司
经　　销　全国各地新华书店

开　　本　880×1230　1/32　　　　印　张　5.25
字　　数　161 000
版　　次　2016年8月第1版　　　　2017年8月第2次印刷
书　　号　ISBN 978-7-5341-7265-6　　定　价　22.00元

责任编辑　詹　喜　　　　　　　　**责任校对**　赵　艳
责任美编　金　晖　　　　　　　　**责任印务**　田　文

《蔬菜设施栽培实用技术》
编写名单

主　　编　严志萱

副 主 编　王惠娟　胡美华　罗　军

编写人员　（按姓氏笔画排序）

　　　　　　王惠娟　汤腾跃　严志萱　杜利鑫

　　　　　　何美仙　罗　军　周树东　胡美华

　　　　　　施政杰　徐晓燕　颜兴良

前　言

　　金华，古称婺州，物华天宝、人杰地灵，文化昌盛、民风淳朴，素有"小邹鲁"之美誉。金华地处浙江省中部，属金衢盆地东段，地形以丘陵和盆地为主；交通便捷，铁路、高速公路交汇，飞机航线多条，是浙江和华东地区重要的交通枢纽；四季分明，雨热资源丰富，特别适合农业生产。

　　金华是农业大市，蔬菜是重要的农业支柱产业，设施蔬菜在全省具有一定的影响力。蔬菜生产深受气候、环境、市场等诸多因素的影响，要实现效益最大化，除了精耕细作，还必须大力推广新品种、新技术、新设施、新机具，着力提升蔬菜生产科技水平。农耕文化历经千年的沉淀，精华毕现，现代农业的发展给传统农业注入了新的生机，蔬菜设施栽培也因此取得了迅速发展。为转变种植企业与大户的传统生产观念，提高从业者的种植技术水平，促进蔬菜产业健康发展，笔者长期深入生产一线，根据蔬菜生产特点及菜农实际需要，通过试验研究与生产实践，总结撰写了《蔬菜设施栽培实用技术》一书。本书共分四个部分，内容包括主要农事月历、蔬菜育苗技术、主导品种设施栽培技术及具代表性的高效栽培模式。本书主要面向基层一线的农技人员和直接从事蔬菜生产的农户，内容注重实用性，可操作性较强。本书同样适用于华东地区的蔬菜设施栽培。

本书在编写过程中得到了许多同行专家及种植企业、大户的支持与帮助，在此特别感谢浙江省农业厅杨新琴推广研究员、金华市蔬菜办程炳林高级农艺师等专家的大力支持与指导，同时对蒋根品、郑竹山、金培斌、徐恒辉等同志在本书编写过程中给予的大力协助表示衷心的感谢！

限于编写时间及作者水平，书中难免存在疏漏和不足，恳请各位专家、同行及广大读者批评指正。

编者
2016年5月

目　录

1

第一章
蔬菜月度农事管理

◎ 第一节 1月

本月节气：小寒和大寒。本月是一年中光照最短、气温最低且天气变化较多的时期，平均气温3～7℃，月降雨量70～90毫米，日照时数90～110小时。1月下旬气温降到最低点，连续冰冻雨雪天气较多，有利于杀灭越冬虫卵及病菌。同时也是对蔬菜生产的考验，受冷空气影响，出现雨雪和冰冻灾害，做好蔬菜防寒、防冻与越冬大棚蔬菜的田间管理是关键。

金东区省级城郊蔬菜产业示范区
金刚屯畈设施基地

一、农事操作

❶ 加强苗期管理

培育壮苗是蔬菜优质高产的基础，辣椒、茄子、番茄多于上年10月中下旬至12月播种，本月是育苗管理的关键时

多层覆盖育苗

1

大棚栽培

期，需做好保温、防冻工作，可采用多层覆盖保温。瓜类蔬菜黄瓜、瓠瓜、西葫芦、苦瓜，绿叶类蔬菜白菜、大白菜、生菜、苋菜等于本月播种育苗；大白菜育苗温度要求13℃以上，以防花芽提早春化抽薹，宜选耐抽薹品种，有条件的可采用电热线加温育苗。芹菜、莴苣、生菜、油麦菜、四月慢和五月慢青菜等可继续在大棚内播种定植。

② 加强田间管理，做好上市蔬菜采收

大棚及露地芹菜、莴苣、大白菜、普通白菜、甘蓝、花菜、萝卜、菠菜、大葱、大蒜、韭菜等蔬菜应在本月做好田间管理。莴苣、芹菜、大白菜、普通白菜、甘蓝、花菜、萝卜、儿菜、茼蒿、生菜、菠菜、大葱、大蒜、韭菜、草莓等适时采收上市，可以根据市场行情稍作调整。同时本月应做好换茬整地，安排下茬蔬菜种植。

换茬整地

大棚＋中棚＋小拱棚＋地膜覆盖栽培

③ 越冬蔬菜保暖防冻

大棚蔬菜注意保温管理，少浇水，多通风，土壤封冻前结合中耕培土护根。冷空气袭击后，适当根外追肥，可喷施0.2%磷酸二氢钾等叶面肥，增强植株抗寒能力；霜冻来临前，用稻草等秸秆或干杂草撒在蔬菜植株上，减轻风霜冻害。棚内蔬菜受

冻后，可增加棚内湿度，使棚内温度缓慢上升，让受冻组织吸水后恢复机能。低于0℃时，大棚蔬菜可采用"大棚＋中棚＋小棚"多层覆盖，在小拱棚上加盖毛毡、无纺布、遮阳网、薄膜等覆盖物，还可在大棚四周增加裙膜，也可在棚内小拱棚上覆两层膜中间夹一层遮阳网等增强抗冻防寒能力。

多层覆盖与棚架支撑

二、灾害性天气防控

本月主要预防冻害、雪灾。关注天气预报，防强寒流天气与降雪。灾害来临前及时抢收在田蔬菜，受灾后要及时抢收抢种，适时补播普通白菜、大白菜、生菜、苋菜等速生叶菜，争取提早上市。及时清沟排水或清除积雪，确保沟渠畅通，提高根系活力，以免植物因积雪或寒潮受冻。大棚设施及时用木柱等支撑物加固，及时扫雪铲雪，防大雪或大风压（刮）塌棚架。受灾后要及时修复棚架与棚膜。对受灾严重田块，清除受冻茎叶及病叶，及时追施适量磷钾肥，以促进植株恢复生长。

三、病虫害防治

1月是全年温度最低的月份，多数蔬菜的病虫处于越冬期，因此相对病虫害发生较轻。

❶ 主要的病虫害

（1）茄果类、瓜类蔬菜苗期病害。冷空气侵袭时秧苗受冻易诱发立枯病、猝倒病、早疫病等多种病害。

（2）十字花科（大白菜、小白菜、萝卜、甘蓝等）蔬菜病害。主要有菌核病、软腐病、霜霉病等。

（3）莴苣病害。主要有灰霉病、霜霉病、菌核病等。

（4）其他蔬菜病害。草莓主要有灰霉病、白粉病，芹菜则以斑枯病

小菜蛾为害

为主。

（5）主要虫害。本月田间害虫种类不多，以小菜蛾、猿叶甲、蚜虫、烟粉虱等为害为主。

② 防治方法

（1）农业防治。选用抗病（虫）品种，针对当地主要病虫害，选用高抗多抗的优良品种；轮作换茬，实行不同科的蔬菜之间轮作，有条件的最好实行水旱轮作；优化栽培措施，采取调整播期，避开病虫为害高峰；清除田间病株残体，减少病虫侵染来源；嫁接换根，预防土传病害；加强育苗管理，培育适龄壮苗；深沟高畦，严防积水；采用地面覆盖、微灌，调控设施微环境；合理安排株行距，降低田间湿度，优化群体结构；增施有机肥，改良土壤，培肥地力；水、肥、气、热协调促控，优化设施栽培技术，促进蔬菜植株健壮生长，最大限度地减少病虫害的发生与蔓延，从而减少农药用量。

（2）物理防治。采用设施防护，覆盖塑料薄膜、遮阳网、防虫网，进行避雨、遮阴、防虫隔离栽培，减轻病虫害的发生。应用诱杀技术，利用害虫对灯光、颜色和气味的趋向性诱杀或驱避害虫。采用温汤浸种消毒和夏季高温闷棚土壤消毒等。

（3）科学用药。选用高效低毒农药，适时对症用药，严格农药安全间隔期。猝倒病、立枯病可选用苯胺基嘧啶类；斑枯病、早疫病可选用异菌脲类；霜霉病可选用霜脲·锰锌、烯酰吗啉；软腐病可用农用链霉素、噻菌铜等；灰霉病、菌核病可选用腐霉利、异菌脲类；白粉病可选用氟菌唑、矿物油等农药防治。猿叶甲可选用茚虫威、乙基多杀菌素等农药交替防治；蚜虫、烟粉虱可选用呋虫胺、螺虫乙酯等农药防治。农药用量、安全间隔期等具体参照产品说明书，本书中不作详细介绍。

◎ 第二节 2月

本月节气：立春、雨水。本月气温仍较低，平均气温6～8℃，月降雨量90～110毫米，日照时数80～100小时。气温日渐回升，但容易出现连续的阴雨寡照天气，不利大棚蔬菜生长，且长势偏弱，易发生病虫害。加强越冬蔬菜田间管理，保障春淡季蔬菜供应。

土壤翻耕

一、田间管理

❶ 换茬整理

莴苣、芹菜、大白菜、普通白菜、甘蓝、花菜、萝卜、菠菜、儿菜、茼蒿、生菜、大葱、大蒜、韭菜、草莓采收，采收结束后深翻清园，清除植株残体、田边地角杂草，消灭越冬虫源。

❷ 育苗定植

茄果类、瓜菜类、叶菜类、大棚豆类、萝卜、芋艿、马铃薯、大白菜陆续播种育苗，注重苗期管理，培育壮苗。番茄、辣椒、黄瓜、莴苣、西葫芦、大白菜

育苗

等蔬菜开始棚内移栽定植，移植前施足基肥，深翻做畦，根据各品种特性、生育状况和气温状况，适时定植。

❸ 大棚蔬菜肥水管理

加强大白菜、普通白菜、甘蓝、花菜、菠菜、芹菜、莴苣、韭菜、大葱、大蒜、西葫芦等蔬菜的肥水管理。茄果类蔬菜定植后管理。

二、保温防冻

2月仍有较大的寒流，冷害和冻害仍发生频繁。连续5～7天的阴雨天及突然的低温，易造成蔬菜冻害和冷害。防止蔬菜大棚冻害和冷害的措施是：提高大棚保温性能，加强保温管理；适期播种定植，对植株进行锻炼；对棚内蔬菜叶面喷施磷酸二氢钾、稀土微肥等。对瓜类秧苗，夜晚可在小拱棚上覆盖遮阳网、稻草帘或无纺布，增加保温能力。对大棚茄果类蔬菜，可在大棚内套中棚、小拱棚或二道膜等多层覆盖，做好防冻保温措施。在强冷空气来临当晚（特别是凌晨2～5时），可在大棚内点放蜡烛

加温炉加温

（但切记要保证安全），或者在大棚内近地上部挂放灯泡，能有效防止植株受冻。还可熏烟防寒：在寒流来时，每隔2小时点一些秸秆发烟，可减轻冷、冻害。熏烟量不可过大，以免熏死植株。

三、病虫害防治

2月气温回升，昼夜温差逐渐变大，棚内湿度增加，容易发生高湿低温病害，要做好棚内温度和湿度管理。病虫害管理方面应该做好下列工作：

① 茄果类、瓜类蔬菜苗期病害防治

茄果类育苗中后期，注重立枯病、猝倒病、早疫病防治；注意保温、通风降湿和适时假植、炼苗，培育壮秧；移栽前要喷好保护性杀菌剂，做到带药移栽；移栽时要剔除病苗、弱苗、高脚苗。瓜类蔬菜正处播种育苗期，要进行种子消毒；播种出苗后，瓜类秧苗抗寒能力较差，最好使用电热线加温

番茄立枯病

育苗，及时拔除因受冻引发猝倒病的病株，并喷施广谱性杀菌剂，在秧苗防病时适当混用生长调节剂，利于瓜秧防病抗寒。

② 十字花科留种蔬菜病害防治

精选留种株系，在封行前清除种性变异的多余植株，增加田间通风透光率，清除留种株上的老叶；清洁田园，减少老叶感染菌核病、霜霉病、白锈病的概率，并定期防治留种株的菌核病、霜霉病等病害，提高留种株的种子产量和品质，降低种子带菌率。

③ 防治特早熟茬口、反季节栽培茄果类蔬菜病害

本月特早熟茬口、反季节栽培茄果类作物进入发病始盛期，在使用坐果灵等点花时，可混用腐霉利进行预防，并顺手摘除残留在幼果上的残花，以减少传染菌核病、灰霉病的概率。同时注意保温和通风降湿，定期检查茄果类蔬菜的灰霉病类、菌核病类病害病情，及早防治。

◎ 第三节 3月

本月节气：惊蛰、春分。天气转好，较1~2月雨量、雨日减少，光照较足，平均气温10~12℃，月降雨量150~170毫米，日照时数100~120小时。其间雨水以过程性降水为主，气温明显回升，容易出现冷空气过程，气温起伏较大，既要注意中午高温造成育苗棚内闷苗现象，又要注意"倒春寒"低温寒害。

一、育苗定植

茄果类、瓜类、豆类、白菜类、根菜类、薯芋类、绿叶菜类、水生蔬菜等继续播种育苗、移栽定植。做好苗期管理，加强苗期高温烧苗、冻害、病害、风害的防患。苦瓜、番茄、西瓜、瓠瓜等陆续定植。

保温定植

二、生产管理

（1）做好换茬清洁田园、施足基肥、整地翻耕、病虫草害防治等准备工作。绿叶蔬菜、大蒜、洋葱、韭菜、大葱、甘蓝、莴苣、萝卜、马铃薯、蚕（豌）豆、草莓等在地蔬果做好追肥、清沟排水降渍工作，并适时采收。

（2）大棚早熟栽培的番茄、

施足基肥

茄子、黄瓜、瓠瓜等蔬菜，应进行合理的整枝打杈，摘除病（老、黄）叶和弱小、徒长无效枝，有利于植株通风透光，减少病害的发生。番茄、茄子等多次采收的蔬菜，进入开花结果盛期，需肥量大，应合理追肥；同时需合理使用植物生长调节剂保花保果，防止落花落果；瓠瓜、黄瓜、西葫芦易发生花而不实的

揭膜通风

化瓜现象，应合理施用早瓜灵。同时使用叶面追肥促进植株生长。刚定植的茄果类蔬菜，缓苗后及时通风降温，勤施肥，防治病虫草害，该期的管理对蔬菜早熟性和产量影响极大，是管理的关键期。

（3）调温控湿。3月中旬以后，随着气温的升高，可揭去大棚内的中、小棚膜。根据天气情况，晴天时棚膜早揭夜盖，通风降温，使棚内温度白天保持在25～28℃，夜间保持在15℃，同时增加棚内通风透光，促进叶绿素和碳水化合物的形成，有利于开花结果。

三、倒春寒防控

（1）及时采收。大白菜、芹菜、莴苣等蔬菜及时抢收，分批上市。

（2）清沟排水。及时清理田内"三沟"和田外沟渠，确保排水畅通，提高根系活力。

（3）继续做好大棚保温工作，采用"大棚＋中棚＋小棚"多层覆盖。加固棚架设施，大棚底膜要用泥土压实，检查棚膜，及时修补破损处，减少冷空气侵害，确保设施蔬菜安全生产。及时清理受冻枝叶，追施叶面肥，增强抗寒能力，在追肥的同时施用杀菌剂，增施磷钾肥，防止因低温多雨造成的病害。

四、病虫害防治

3月气温明显回升，田间病虫害发生情况明显增多。

❶ 保护地栽培茄果类蔬菜的病虫害防治

注意天气预报，加强田间管理，做好防寒、保温和通风降湿工作。中下旬茄果类灰霉病等进入发病始盛期，3月初应开始进行药剂预防，灰霉病可选用嘧霉胺、腐霉利等；在低温寒流侵袭时，注意保护地中易发生的新细菌性病害，如细菌性斑点病，可选用农用链霉素预防。

❷ 瓜类蔬菜的病虫害防治

瓜类植株移栽时要做到带药移栽，注意去除病苗、弱苗、高脚苗，在中下旬早茬黄瓜有霜霉病、菌核病、疫病等病害零星发生。对发病中心及时用药防治，控制病害的发生与蔓延。菌核病可选用腐霉利、菌核净类农药防治。

❸ 十字花科蔬菜的病虫害防治

在精选留种株系上清除老叶，清洁田园，减少老叶感染菌核病、霜霉病的概率，并定期喷药保护。对密度过高的田块在封行前进行合理疏株整株，增加田间通风透光率。

黄瓜疫病

❹ 草莓等及其他蔬菜作物的病虫害防治

本月草莓白粉病、灰霉病，莴苣菌核病、霜霉病等病害进入盛发期，应根据天气变化随时注意防治。

❺ 主要虫害

主要以菜青虫、小菜蛾、猿叶甲、蚜虫、烟粉虱、茶黄螨等为害为主。菜青虫、小菜蛾可用茚虫威、氯虫苯甲酰胺等防治，茶黄螨可用联苯肼酯、虫螨腈、阿维菌素类防治。

◎ 第四节 4月

本月节气：清明、谷雨。本月天气以晴雨相间为主，平均气温16～18℃，月降雨量160～180毫米，日照时数120～140小时，光照充足，雨水充沛，有利于农事活动的开展。这是一个播种收获并重的季节。蔬菜应加强肥水管理，及时追肥、除草、防虫，注意通风，适时采收上市。

一、育苗定植

做好播种定植前准备工作。露地蔬菜陆续播种育苗定植，草莓匍匐茎育苗定植。茄果类、瓜菜类、豆类、芹菜等蔬菜定植。

二、田间管理

（1）采收上市。大棚早春番茄、辣椒、茄子、黄瓜、西葫芦、瓠瓜、丝瓜、苦瓜、菜豆陆续上市，大白菜、普通白菜、甘蓝、花菜、萝卜、芹菜、莴苣、菠菜、韭菜、苋菜、香菜、草莓采收。做好采收完田块的清园、整地施肥、病虫害防治及后茬定植工作。

采收上市

（2）及时清沟排水，降低田间湿度，增施磷钾肥，抢晴中耕除草，增加土壤透气性，促进作物根系生长。

（3）大棚蔬菜要注意温度的管理，及时通风降温排湿，减少病害的发生，同时注意大棚防护加固。为应对可能的低温天气，不要过早收藏防寒设备，预防植株受冻。做好番茄、苦瓜、黄瓜等蔓生作物整枝绑蔓、打杈、摘芯等植株管理工作，促进植株正常生长。番茄、辣椒、西葫芦、黄瓜等蔬菜加强肥水管理，合理使用植物生长调节剂保花保果，结合追施，增施磷钾肥，促进生殖生长。

（4）露地直播的蔬菜要覆盖地膜。番茄、茄子、辣椒、苦瓜、瓠瓜等定植前进行低温炼苗，以适应露地的生长。加强在田蔬菜肥水管理、病虫草害防治。

三、病虫害防治

主要害虫有小菜蛾、菜青虫、猿叶甲、黄条跳甲、蓟马、蚜虫等。茄果类主要病害有青枯病、炭疽病、灰霉病、叶霉病、早疫病等；瓜类主要病害有霜霉病、

番茄喷花绑蔓

菌核病、疫病、蔓枯病等；草莓病害主要有灰霉病、白粉病；其他蔬菜病害主要有豆类灰霉病、晚熟莴苣霜霉病、菌核病等。

小菜蛾、菜青虫、猿叶甲、黄条跳甲主要为害十字花科蔬菜，黄条跳甲可用噻虫嗪灌根或氯虫·噻虫嗪、溴氰虫酰胺等防治；蓟马主要为害瓜类、茄果类蔬菜，可用啶虫脒、呋虫胺等防治；蚜虫主要为害十字花科、瓜类、茄果类蔬菜，可用吡虫啉等防治；地下害虫一代小地老虎，可用联苯肼脂、联苯·噻虫胺喷雾或灌根防治。青枯病采用抗病品种嫁接预防，发病前期用噻森铜、多粘类芽孢杆菌、新植霉素等灌根防治；炭疽病可选

黄条跳甲

嘧菌酯、咪鲜胺等防治；叶霉病可选多抗霉素、春雷·王铜等防治；霜霉病、疫病可选烯酰吗啉、霜脲锰锌等防治；蔓枯病可选嘧菌·百菌清、嘧菌酯等（也可以兼治瓜类褐斑病、炭疽病）防治。病虫害需及时防治，合理轮换用药，减少抗药性，提高防治效果。

◎ 第五节 **5月**

　　本月节气：立夏、小满。月平均气温19～23℃，月降雨量160～180毫米，日照时数150～170小时。天气多晴，本月温度适宜作物生长，是茄果类、瓜菜类开花结果的最佳时期，是所有蔬菜作物的生长适期，但也是大棚蔬菜病虫害的高发期，因此本月做好田间管理是保证蔬菜丰产丰收的关键。应针对不同蔬菜作物，采取相应的栽培措施，满足蔬菜生长需要。大棚栽培的茄果类、瓜菜类、绿叶蔬菜等，要加强肥水管理，同时做到及时采收，以达设施早熟栽培目的，获取较高的经济效益。本月部分蔬菜播种育苗和定植。

一、育苗定植

　　耐热甘蓝、白菜、豇豆、黄瓜、番茄、辣椒、生姜、大葱、木耳菜、苋菜、生菜、小白菜、菠菜、萝卜等蔬菜继续播种育苗、移栽定植。

二、田间管理

　　（1）做好换茬定植安排。莴苣、叶菜类、瓜菜类、茄果类、马铃薯、豆类、葱蒜类等适时采收。及时做好蔬菜采收后藤蔓及残株清理、施入基肥、深翻整地、换茬定植等工作。

　　（2）植株管理。继续做好茄果类、瓜菜类蔬菜

撒施复合肥并深翻整地

的绑蔓、打杈、摘芯等工作；合理使用生长调节剂保花保果；及时除去病老叶，除去病株、病枝、病果，并集中销毁，促进棚内通风透光，减少病害。

（3）肥水管理。本月是所有在田蔬菜的生长旺季，特别是大棚蔬菜进入精细管理期，茄果类、瓜菜类进入开花结果采收高峰期，其他绿叶蔬菜进入生长旺盛期，是肥水管理的关键时期。该期需肥水量大，需及时多次追肥，增施磷钾肥，最好采用肥水同灌，以减少土传病害入侵的机会，促进植株营养或生殖生长，提高蔬菜产量与品质，提高商品率。本月气温上升，雨水增多，大棚需昼夜放风，

揭侧膜避雨栽培

部分蔬菜可采用揭侧膜留顶膜避雨栽培，降低棚内温度和湿度，减少病害。

（4）及时做好清沟排水，做到沟渠畅通，降低地下水位，以免雨量过大引起蔬菜渍害、涝害。同时做好雨季防汛工作，把损失降到最低。

三、病虫害防治

保护地栽培蔬菜需注意通风降湿，上午10时以后开棚通风换气，下午4时前关棚保温。合理整枝，清除老叶，减少感染。移栽定植时剔除病苗、弱苗并带药移栽。注意加强下列病害的预防和防治工作：霜霉病，主要为害大白菜、小白菜、莴苣、生菜、萝卜、甘蓝、番茄、辣椒、黄瓜等；炭疽病，主要为害黄瓜、辣椒、菜豆等；病毒病，主要为害茄果类、瓜类、豆类、十字花科蔬菜等；早晚疫病，主要为害番茄、茄子、辣椒等；白粉病，主要为害草莓、瓜类、豆类等；灰霉病，主要为害草莓、茄果类、瓜类等；菌核病，主要为害生

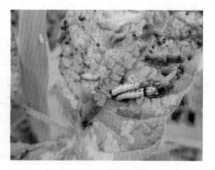

斜纹夜蛾

菜、油麦菜、十字花科蔬菜。继续抓好蚜虫、蓟马、小菜蛾、斜纹夜蛾、菜青虫、豆野螟、斑潜蝇、螨类、黄条跳甲及地下害虫的防治工作。豆野螟可用甲维盐、氟苯虫酰胺等防治，斑潜蝇可用灭蝇胺等防治。

◎ 第六节 6月

本月节气：芒种、夏至。月平均气温可达25～26℃，月降雨量240～260毫米，日照时数150～170小时。此时，长江中下游地区已经进入梅雨季节，持续多日的大雨和暴雨过程，不利于作物生长，容易造成蔬菜烂根、农田受淹，高温高湿容易造成病虫害的发生和蔓延。同时本月也是春播蔬菜作物旺收期，应加强春播蔬菜作物中后期田间管理，做好病虫害防治、开沟排渍、浇水、追肥和植株调整等工作。

一、播种定植

甘蓝、豇豆、黄瓜、小白菜、茄子、芹菜、西瓜、甜瓜等选择耐热抗病品种，继续播种定植，首先做好播种定植前的准备工作；育苗要注意遮阴避雨，充分利用遮阳网保湿降温，提高出苗率、成苗率和秧苗品质。

二、田间管理

（1）蔬菜上市及采后管理。此时是茄果类、瓜菜类、叶菜类、豆类等多种蔬菜旺收期，做好适时采收。早大棚菜在月底及时退茬，已采收拉秧的田块，及时做好棚内病残体清理，减轻下茬病害。为降低土传病害，田块清理后，可及时揭去薄膜，让雨水冲淋，洗去土壤盐分，同时采用土壤消毒，降低后茬危害。

（2）温度和湿度管理。本月高温多湿天气，影响大棚作物的正常生长，需注意通风。番茄、茄子、辣椒和西瓜等作物正是生长旺盛时期，可通过地膜覆盖、通风降湿、清沟排水等管理措施降低棚内湿度；采取大棚遮阳网覆盖或棚膜上喷泥浆，减少强光的照射。

遮阳网覆盖栽培

（3）肥水管理与植株管理。大棚作物根据生长势浇水，晴天多浇水，

打杈、摘芯、摘除病老叶

阴天少浇水或不浇水，适当追施三元复合肥或采用磷酸二氢钾等根外追肥，增施磷钾肥，增强生长势，防止植株早衰，有效促进作物根系生长，提高抗病能力，提升品质。继续茄果类、瓜菜类蔬菜绑蔓、打杈、摘芯、摘除病老叶，除去病株、枝、果，并统一销毁。

三、梅雨天防控

本月雨水较多，及时清沟排淤、排渍，可防烂根、烂果。抢收即将上市的蔬菜，抢播速生叶菜。加强田间管理，受害蔬菜有望恢复生长的，扶正植株，摘除下部黄老病叶，促进通风降湿；增加钾肥的施用量，根外追施磷酸二氢钾等叶面肥，促进作物恢复生长。适当喷施植物保护剂，防止灾后疫病等病害的发生。

四、病虫害防治

本月天气多阴雨、闷热，气候有利于病虫害的发生，不利于适期用药防治。对于有根结线虫的田块，此期要注意做好防治工作。可在前茬作物收获后，深翻30厘米以上，做畦，灌水至平畦，然后盖地膜，扣严大棚升温至40℃以上，保持10～20天，杀灭线虫效果明显。

（1）继续抓好蚜虫、蓟马、小菜蛾、菜青虫、斜纹夜蛾、斑潜蝇、螨类、黄条跳甲及地下害虫的防治工作。注意对豆类花期豆野螟的防治。

（2）茄果类以及瓜类蔬菜除继续抓好对霜霉病、疫病、白粉病、炭疽病、病毒病和细菌性角斑病的防治工

番茄病毒病

作外，还应重点做好枯萎病、锈病、根腐病的预防工作。枯萎病在苗期可用噁霉灵等防治，病毒病可选病毒A、植病灵等防治，锈病可用三唑酮、烯唑醇防治，根腐病可用甲基硫菌灵、噁霉灵等防治。

◎ 第七节 7月

本月节气：小暑、大暑。7月天气晴热高温，平均气温28～30℃，高温多数在37～39℃，月降雨量110～130毫米，日照时数240～260小时。此时，梅雨结束，进入盛夏，易出现炎热少雨或阵雨暴雨的天气，大棚蔬菜要注意通风降温补湿，否则易造成植株萎蔫。本月蔬菜生长发育易受到高温干旱、阵雨或暴雨及病虫害等不利因素的影响，应切实抓好防高温、强肥水、防涝、防病虫等田间管理工作，同时也要做好夏秋季蔬菜的播种准备工作。

一、播种育苗

茄果类、甘蓝、豇豆、黄瓜、花菜、芹菜、白菜等播种育苗，本月育苗的关键是做好苗期避雨遮阳，采用遮阳网覆盖，以达降温保湿遮阳避强光的目的，同时做好病虫草害防治。此季芹菜、白菜等蔬菜宜选耐热品种播种育苗，不仅能弥补"秋淡"，同时也能在国庆节、中秋节前后上市，提高经济效益。7～8月是春夏菜交替季节，由于高温、暴雨、换茬等原因，市场蔬菜易出现短缺现象，宜抢种速生蔬菜补缺。

二、田间管理

（1）采收及收后管理。黄瓜、冬瓜、苦瓜、瓠瓜、丝瓜、西瓜、甜瓜、番茄、辣椒、茄子、豇豆、毛豆、韭菜、大葱、菠菜、苋菜、空心菜等及时采收。采收后及时清洁田园，清除作物残枝病叶，将其晒干烧毁。及时灭菌灭虫，深翻进行土壤消毒，可采用高温闷棚，石灰、石灰氮消毒或清水流灌等方式。

高温闷棚   整地做畦

（2）茄果类、瓜类、绿叶蔬菜类、豆类等在田蔬菜基本已到采收末期，为防早衰，在晴天早晨或傍晚合理浇水，有条件的采用微灌设施增加灌水次数，最好浇井水以利降低地温，以免蔬菜因干旱脱水萎蔫，影响品质；及时追肥，结合浇水，采用磷酸二氢钾或营养液根外追肥，提高植株抗性；瓜类注意控水，防止其在高温高湿下旺长或化瓜；适时覆盖遮阳网降温，夏季高温直接影响作物的正常生长，高温干旱易引发生理病害、脱水死亡，高温高湿易诱发沤根、徒长，以及白粉病、烟粉虱等病虫害。茄果类、瓜类等要及时吊蔓整枝、打杈和摘除老叶、病叶，以利通风透光。

三、做好防灾减灾工作

7月多高温，且易发生台风与强对流天气，常伴有强降水现象，应做好遮阴、避雨、防涝、防病工作。做好大棚设施加固，在不利天气到来前，及时采收上市。采收结束及时收卷大棚薄膜至顶上，以免引起棚架及棚膜损失。

四、病虫害防治

盛夏高温和多台风暴雨的气候易引发多种病虫害，且虫情复杂，对蔬菜生产危害大。主要虫害有甜菜夜蛾、斜纹夜蛾、瓜绢螟、斑潜蝇、豆野螟、跳甲、蓟马、蚜虫。主要病害有病毒病、根结线虫病、疫病、炭疽病，瓜类病害主要有角斑病、霜霉病、枯萎病、蔓枯病，十字花科蔬菜苗期病害主要有猝倒病、立枯病、白斑病、煤霉病、锈病等。

番茄根结线虫病

可于天晴及时选择对口的高效低毒农药进行预防和防治。甜菜夜蛾可选多杀霉素、虫螨腈等防治，瓜绢螟可选阿维菌素等防治，锈病可选氟菌唑等防治。

◎ 第八节 8月

本月节气：立秋、处暑。本月多晴朗高温天气，平均气温27~30℃，月降雨量100~120毫米，日照时数210~230小时。此时容易受到台风影响，出现大到暴雨，局部大暴雨。因台风的影响，农业设施容易受损，农作物容易受灾。

一、播种定植

叶菜类、茄果类、豆类、黄瓜、芹菜、花菜、萝卜、甘蓝等蔬菜陆续播种定植，做好播种前土地平整、苗床准备及苗期管理等工作。采用遮阴避雨育苗，提高成苗率。

二、栽培管理

（1）采收换茬管理。茄果类、瓜类、豆类、花菜、秋葵、玉米等陆续采收上市，采收结束的田块，应及时清洁田园，土壤消毒，施足基肥，整地做畦，播种定植。

整地做畦

（2）肥水管理。棚内蔬菜管理基本与7月相同。加强对棚内茄果类、瓜类、豆类等蔬菜的肥水管理，番茄、茄子应大水浇灌，合理正确施肥，适时追肥，同时加大棚内通风，降低温度和湿度，增强植株抗性，以防植株徒长。浇水施肥防病必须在早晚进行。

（3）采用避雨栽培。本月仍处炎热时节，大棚蔬菜应采用避雨栽培，可防强光，降低棚内温度，防暴雨冲刷，有利于减轻病毒病为害。

大棚避雨栽培

（4）做好清沟排水等工作。及时应对可能到来的台风与强降雨带来的涝害影响。

三、病虫害防治

西瓜蔓枯病

盛夏的高温和多台风暴雨气候有利于多种病虫害发生，与7月相同，做好病虫害防范工作至关重要。虫害主要有甜菜夜蛾、斜纹夜蛾、瓜绢螟、斑潜蝇、豆野螟、跳甲、蓟马、蚜虫、烟青虫等。茄果类、瓜类、叶菜类蔬菜的病害主要有白粉病、病毒病、青枯病、蔓枯病、炭疽病、枯萎病、锈病以及软腐病、角斑病等细菌性病害；草莓育苗期的病害主要有黄萎病、炭疽病等。炭疽病可选肟菌·戊唑醇、嘧菌酯防治，黄萎病可选甲基硫菌灵、代森锰锌类浇灌防治，软腐病可选农用链霉素、噻森铜等农药交替使用进行防治。

◎ 第九节 9月

本月节气：白露、秋分。月平均气温23～25℃，月降雨量90～110毫米，日照时数150～170小时。雨量、雨日逐渐减少，温高光足，气象条件有利于作物光合作用充分进行。其间容易受到冷空气影响，总体气象条件有利于作物生长和成熟。要抓住有利时机，做好田间秋菜管理，及时抓好冬播和大棚蔬菜育苗前期工作。

一、播种定植

越冬番茄、茄子、辣椒、黄瓜、芹菜、莴苣、西葫芦、大白菜、萝卜、豆类、洋葱、大葱、青菜等蔬菜品种适时播种育苗，育苗期间白天注意通风，夜间注意保温。叶菜类、茄果类、芹菜、花菜、球菜、莴苣、黄瓜适时定植。根据天气情况做

莴苣定植

好播种定植前准备工作与苗期管理。草莓最佳定植时期为9月上中旬。

二、田间管理

（1）及时做好茄果类、瓜类、豇豆、莴苣、大葱、菜豆、秋葵等蔬菜的采收上市。采收结束的田块，及时清茬，清洁田园，施足基肥，耕地做畦。

（2）做好茄果类、瓜类作物的吊蔓整枝、点花、肥水管理，及时吊蔓

上架，合理留枝，除去细弱侧枝，番茄一般单秆整枝，抹去病老叶，促进通风透光，合理保花保果，并及时采摘上市。加强绿叶蔬菜、葱蒜类、甘蓝、花菜、萝卜、豇豆、莴苣等蔬菜的肥水管理，保持土壤湿润，及时通风降温排湿。

番茄单秆整枝

三、病虫害防治

大白菜根肿病

这一时期是秋季蔬菜生产、收获和冬春季蔬菜的播种时期。近期高温已过，天气转凉，蔬菜生产进入繁忙季节。虫害主要有烟粉虱、甜菜夜蛾、斜纹夜蛾、瓜绢螟、斑潜蝇、豆野螟、跳甲、蓟马、蚜虫、烟青虫等。十字花科类病害主要有白斑病、黑斑病、根肿病等，瓜类病害主要有枯萎病、蔓枯病、角斑病等，豆类病害主要有锈病、煤霉病等，以及苗期的猝倒病、立枯病等。

◎ 第十节 10月

本月节气：寒露、霜降。月平均气温在18℃左右，降雨量50～70毫米，日照时数130～150小时。其间以晴好天气为主，温高光足。下旬冷空气活动频繁，以过程性降水为主。秋菜进入收获末期，冬菜及越冬蔬菜进入生长旺季，保护地栽培管理是生产重点。

一、生产管理

（1）茄子、辣椒、番茄、莴苣、甘蓝等播种育苗，选择适应性强、产量高、商品性好、适宜本地市场需求的品种培育壮苗，做好种子消毒、苗床准备、培养土配制或基质准备工作，采用苗床直播、营养钵或穴盘育苗，育苗期间用双层遮阳网覆盖，保持苗床湿润，并覆盖棚膜，做好苗期肥水管理与病虫草害防治。莴苣、芹菜等适时定植，施足

茄子采收整理

基肥，整地做畦，合理密植，加强肥水管理。

（2）莴苣、芹菜、花菜、球菜、黄瓜、西葫芦、辣椒、茄子等秋菜进入采收高峰期，做到及时采摘，并根据市场行情适当调整上市时间。

（3）加强田间管理。由于本月气候条件适宜，叶菜类、根茎

莴苣沟灌

类、瓜菜类、茄果类、豆类等蔬菜生长迅速，需加强肥水管理，以满足植株快速生长所需的养分和水分，及时浇水、追施重肥，为高产优质商品菜打下基础。大棚秋延后番茄、辣椒要及时除侧枝、打顶，促进果实膨大，减少养分消耗。下旬及时覆膜保温，覆膜后注意放风，防止高温出现秧苗徒长现象。

二、病虫害防治

10月，蔬菜进入生产盛期，浙江大部分地区高温多雨，十分有利于蔬菜病虫害的发生，是防治多种病虫害的关键时期，为了确保蔬菜获得丰收，应从源头上最大限度地减少和避免病虫害的发生。

❶ 虫害发生情况

以烟粉虱、蚜虫、跳甲、小菜蛾、蓟马、红蜘蛛、豆荚螟、瓜绢螟、潜叶蝇、甜菜夜蛾、斜纹夜蛾等为主。

❷ 病害发生情况

霜霉病

茄子、番茄、黄瓜及芹菜等病害主要为根结线虫病；白菜、萝卜、甘蓝、花椰菜等十字花科蔬菜的病害主要为根肿病；白菜、莴苣、菠菜等病害主要为霜霉病；番茄病害主要为早晚疫病等。根结线虫病可在定植前进行土壤消毒，也可用辛硫磷灌根；根肿病可用甲基托布津灌根，水源丰富的地区，根肿病可用氰霜唑浇土处理。

❸ 防治措施

农业防治与药剂防治相结合。通过采取合理轮作、培育壮苗、深翻土壤、合理密植、科学施肥、整枝打杈、清除残枝败叶、间作、套种等田间管理，推广应用性诱剂、遮阳网、防虫网、杀虫灯、黄板以及晒种、温汤浸种等农业技术综合措施，增强蔬菜对病虫害的抵抗力，控制、避免或减轻病虫的为害。天晴及时选择对口的高效低毒农药，进行预防和防治。

◎ 第十一节 11月

本月节气：立冬、小雪。11月冷空气活动频繁，暖湿气流活跃，出现连续阴雨天气，平均气温12～14℃，月降雨量55～80毫米，日照时数130～140小时。土壤湿度过大，日照不足，不利于各种作物的生长。秋菜已经基本采收结束，需及时做好保护地蔬菜田间管理以及保湿防寒防冻工作。

一、田间农事

（1）翌年茄果类蔬菜陆续播种育苗，选择适宜本地栽培、商品性强、产量高的品种，采用大棚营养钵或穴盘育苗。甘蓝、莴苣、豌豆继续播种、育苗、定植。加强苗床管理，注意保温防寒，采用大棚覆膜栽培。

（2）瓜菜类、茄果类、绿叶菜类、花菜、球菜、马铃薯、玉米等及时采收上市。芹菜、莴苣进入采收旺季，此时因气温低，可根据市场行情提早或延后采收。做好采收结束后的换茬及清除田间残枝败叶等清园工作，施足基肥，翻耕做畦，以备后茬作物的顺利种植。

莴苣采收上市

（3）加强田间管理。加强在田大白菜、普通白菜、甘蓝、花菜、黄瓜、西葫芦、冬瓜、萝卜、番茄、辣椒、茄子、菠菜、芹

菜、莴苣、大葱、韭菜、大蒜、菜豆、瓠瓜等蔬菜的肥水管理，做好茄果类作物整枝打杈、保花保果、追肥、病虫防治工作。加强越冬大棚蔬菜的保温工作，白天尽可能增加光照，控制浇水，晴天加大通风量，阴天低温适当通风。

黄瓜打顶

二、病虫害防治

① 主要虫害

主要害虫有蚜虫、烟粉虱、小菜蛾、瓜绢螟等。

② 主要病害

秋延后茄果类蔬菜如番茄、茄子，注意防治叶霉病、青枯病、黄萎病、晚疫病、辣椒疫病、灰霉病、病毒病等病害；秋延后黄瓜注意防治霜霉病、疫病、细菌性角斑病、白粉病等病害；白菜、菜薹等十字花科蔬菜，注意防治根肿病、病毒病、软腐病、霜霉病等；莴苣注意防治霜霉病、菌核病等；草莓注意

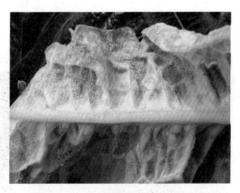

莴苣霜霉病

大棚保温和白粉病、红蜘蛛的防治；芹菜、黄瓜、番茄等蔬菜均应注意根结线虫病的发生。

◎ **第十二节 12月**

本月节气：大雪、冬至。12月多阴雨天气，平均气温6~9℃，月降雨量40~60毫米，日照时数120~130小时。下旬容易出现雨夹雪或雪，月内连续阴雨天气对露地越冬蔬菜和大棚蔬菜生长影响较大。冬季寒冷，蔬菜以保护地棚栽为主，少量露地蔬菜主要是十字花科的甘蓝、花菜、大白菜、萝卜、小白菜及耐寒的芹菜、菠菜、葱蒜等。棚栽蔬菜主要是黄瓜、莴苣和秋延后的番茄、辣椒以及茄果类苗床。大棚在田作物与育苗管理是蔬菜生产的主要工作。

一、田间农事

（1）茄果类秧苗管理。同11月一样，加强茄果类苗期管理，主要做好秧苗防寒保暖，控制温度和湿度，大棚多层保温栽培。露地莴苣、花菜播种，早春茄果类、莴苣定植，定植后双层膜覆盖，少浇水。

大葱换茬

大白菜采收

（2）冬菜采收。黄瓜、花椰菜、芹菜、莴苣采收结束后，做好清园翻耕、整地施肥等换茬工作；做好西葫芦、辣椒、芹菜、莴苣、叶菜类的采收上市工作。

（3）在田蔬菜田间管理。加强越冬栽培茄果类、叶菜类、瓜菜类、甘蓝、花菜、萝卜、葱蒜类蔬菜的肥水管理，注意病虫草害防治。大棚蔬菜做好保温防冻，采用“大棚＋中小棚＋小拱棚”三层四膜（或五膜）多层覆盖保温，少放风，多见光；放风时间短，浇水在晴天进行，仍需换气排湿。

二、做好灾害性天气防控

本月主要预防冻害、雪灾。防治办法与1月相同。

三、病虫害防治

冬季低温既影响蔬菜的生长，又降低了蔬菜的抗病力，病虫害仍有发生和为害。本月蔬菜病虫害防治的重点应以棚栽蔬菜为主，适当进行露地蔬菜用药。

❶ 虫害

主要有潜叶蝇、蚜虫、菜青虫、小菜蛾、蓟马等。

❷ 病害

茄果类苗床病害主要是灰霉病和猝倒病；秋延后番茄、辣椒病害有果实灰霉病和叶片早疫病；黄瓜病害主要有白粉病；辣椒病害主要有早疫病和灰霉病；莴苣病害主要有菌核病、霜霉病；十字花科蔬菜病害主要有黑斑病；芹菜病害主要有菌核病。

莴苣菌核病

❸ 防治措施

认真采取相关农业技术综合防治措施，并选择对口高效低毒农药，进行预防和防治。

第二章

蔬菜育苗

育苗是蔬菜栽培的重要环节，是争取农时、增加茬口、提高复种指数、减少用工、节约成本、减少病虫为害、提高抗灾能力、增产增收的一项重要技术措施。

◎ **第一节 育苗生长阶段对环境条件的要求**

育苗期间的环境条件，包括温度、光照、水分及营养条件等，直接影响到幼苗的生长速度。同时，由于多数果菜类在幼苗期间已形成花芽，因此苗床环境条件影响到花芽分化的时间、花芽的多少和开花的迟早。蔬菜幼苗生长大致可分为三个阶段：发芽期、小苗期和成苗期。

一、发芽期

从种子发芽至第一真叶露心，又称为子苗期。此阶段主要促进幼苗尽快出土，尽早进入自养阶段。

发芽期的西瓜、甜瓜

二、小苗期

从第一真叶露心至第一真叶或第二真叶展开，又称为基本营养生长期。此阶段地上部生长缓慢，地下部生长旺盛，根系大量生成。此期要保持适宜土壤温度，以利根系生长健壮。

小苗期的苦瓜

三、成苗期

第一真叶或第二真叶展开至定植，也称为迅速生长发育期。此阶段秧苗生长迅速，茎长高，叶面积增大，叶片增多，是秧苗主要生长时期。果菜类秧苗在此时期开始花芽分化。此时期要保持必要的温度、充足的光照、合理的水分和丰富的土壤养分。

成苗期的南瓜苗

◎ 第二节　育苗方式

一、土床育苗

畦土中直播育苗，将苗床翻耕整平，浇足底水，在床面上直接播种，或在苗床上铺一层育苗营养土，一般播种床铺5～8厘米厚。分苗床铺10～12厘米厚，将种子直接播种在畦面上，然后覆土、浇水，盖上地膜或稀疏稻草保温。待30%左右的种子出土后，及时揭去畦面上覆盖的地膜或稻草。

穴盘苗与土床苗

二、营养钵育苗

20世纪80年代推广的营养钵育苗，通过容器以及配制的营养土培育壮苗。经配制营养土、装钵，然后播种育苗。定植时脱钵带土移栽，成活率高，育苗效果好。

❶ 营养钵

由黑色聚乙烯材料制作的上大下小的圆锥形钵器，可多次重复使用。各地农资店均可购置。

❷ 育苗营养土的配制

良好的苗床土应不带病菌，无病虫和杂草种子，营养土的质地需要有良好的三相比（固相40%、气相30%、液相30%），疏松，团粒结构好，总孔隙度控制在60%左右，既透气又保水保肥，同时还能满足苗期对氮、磷、钾各种营养的需要。适宜的养分含量是培育壮苗的基础，养分过多会使幼苗生长过旺，遇到不利气候条件，易造成秧苗徒长和猝倒病的发生；养分不足，则幼苗生长势过弱，会产生僵苗。现已有专业化的育苗基质，可直接选购装钵。

辣椒营养钵育苗

三、营养块育苗

营养土块可用熟土或河塘泥制作，具体的方法是：先选定床址，挖深约15厘米的坑，倒入风化熟土10～12厘米，耙平，再加一层厚约5厘米的腐熟厩肥，浇适量水，拌匀、压实、整平，待土稍干发白时按10厘米见方切块，在土

营养块育苗

块中央捣小孔，放入少量的培养土，就成为可以播种育苗的营养土块，适用于大苗或小苗带土移植。关键是要掌握营养土的松紧度，要求制作的营养土块松而不紧，保证根系的生长，而且移植时不致破碎伤根。若土块紧实通气性不良，则影响幼苗根系的生长，易形成僵苗。因此可以根据各地土质的不同，合理配制营养土，也可选用专业化生产的商品营养块基质育苗，价格便宜且育苗效果好。

穴盘

四、穴盘育苗

穴盘育苗采用商品基质装盘，然后播种育苗。该项技术于1985年引入我国，20世纪90年代得到快速推广，现已基本普及。与传统的育苗相比，基质穴盘育苗优势明显，操作简便，省工节本，苗龄适中，成苗率和移栽成活率高，既适合集约化育苗，又能用于分户生产。发展穴盘育苗，对改革优化蔬菜瓜果育苗方式，提高育苗效率和抗灾能力，控制土壤病害传播，提升现代专业化育苗生产的集约化水平等方面都具有重要意义。

❶ 穴盘与基质

（1）穴盘。蔬菜塑料标准育苗穴盘一般孔穴数分别为32孔、50孔、

72孔、128孔、200孔、288孔等多种。

（2）基质。基质材料主要是草炭、蛭石和珍珠岩，三者适当配比。还可就地取材，利用农业生产中的一些废弃物，如食用菌生产废弃物、竹木加工废弃物、玉米秸秆等，将这些废弃物与常用基质成分按一定比例配合。目前蔬菜穴盘育苗的基质已经实现商业化生产，用户可直接购买商品基质。商品育苗基质一般都添加了基质润湿剂、缓效性营养启动剂等调节物质，还进行了酸碱度调节和灭菌消毒处理，使基质有更好的使用性能。

育苗基质、椰糠、蛭石

育苗基质应具备以下条件：一是保肥保水能力强；二是具有良好的通透性，基质不易分解；三是适宜的酸碱度（pH值）；四是适宜而相对稳定的电导率（EC值）。

② 适用于穴盘育苗技术的蔬菜品种

（1）十字花科蔬菜。包括西蓝花、花椰菜、甘蓝和大白菜等，在夏秋高温季节采用穴盘育苗，移栽种植优势明显，省工省本，增产增效。

（2）瓜类蔬菜。瓜类蔬菜种类多，全年的种植季节较长，可充分利用育苗设施分期分批进行。浙江省西瓜、甜瓜目前已普

西蓝花穴盘育苗

遍采用穴盘育苗。

西瓜穴盘育苗　　　　　　　　　　辣椒穴盘育苗

（3）茄果类蔬菜。浙江省夏秋番茄采用穴盘育苗具有抗台风灾害等优势。但由于穴盘育苗不能像营养钵育苗采取移钵控苗等措施，定植期的弹性相对较小，在定植阶段如遇低温、阴雨等不良天气而推迟种植时，容易引起秧苗徒长，所以对苗龄的控制要求严格。

（4）其他蔬菜。早春低温期的毛豆等可采用穴盘育苗移栽，确保齐苗壮苗。芹菜和莴苣（包括生菜）在夏秋季节种植，适宜穴盘育苗。芦笋也适合穴盘育苗。

芦笋穴盘育苗　　　　　　　　　　黄秋葵穴盘育苗

第三节　育苗设施

为培育壮苗，必须根据育苗季节及秧苗生长发育对环境条件的要求给予一定的光、温、水、气、肥的管理，需要较好的设施设备，以控制秧苗所需的光照、温度、基质EC值（电导率）和pH值，促进秧苗的正常生长，同时提高播种效率。苗床应选择在地势高燥、地下水位低、排灌方便、无土传病害、向阳、平坦的地块，能保证水电的正常供应。一般每平方米苗床可育蔬菜秧苗100~300株，应根据育苗数量合理设置苗床面积。

一、育苗棚架及覆盖材料

冬季育苗一般采用大棚作为育苗棚，在棚内制作苗床，苗床上加设小拱棚，气温较低时加盖中棚，形成多层覆盖保温，必要时为增加夜间保温性，可再用草帘、无纺布等材料作保温覆盖物盖在大棚内的小拱棚上。大棚外采用厚度为0.06~0.08毫米的多功能无滴防老化农用塑料薄膜，具有透光、保温、保湿、防风和膜面无水滴等功能。夏季可在大棚内育苗，也可在小拱棚中育苗，并根据需要采用黑色遮阳网、白色防虫网作棚架覆盖材料，起到遮阴、降温、挡雨、防虫等作用。

蔬菜育苗大棚

二、育苗床

有条件的通常采用育苗床架育苗，以方便管理，减轻劳动强度。也可采用畦面育苗，在大棚或小拱棚内的畦面制作苗床，苗床宽110～165厘米（2个或3个穴盘的长度之和），畦高15～20厘米，床面整平，苗床长度依棚长度而定。畦面铺设地布隔离地面，阻止穴盘苗根系向土壤中生长，以免根系扎入土壤传染病菌及移栽时损伤根系。

育苗床

三、电热温床

浙江省冬季穴盘育苗需要加温，可整个棚内加温，但为节约成本，也可采用苗床上制作电热温床加热。可先做好下凹3～4厘米且底面平整的苗畦，畦底铺地布（床架育苗的直接铺在床架上），上覆1～2厘米基质作隔热层，上铺电热丝，按设定功率布线，一般线距8～10厘米。铺线时要遵循床两侧稍密，中间稍疏的原则，严格防止电热丝碰在一起。电热丝要拉直，然后安装控温仪。铺好电热丝后要先通电检查是否能正常工作，检查正常后再铺上育苗基质，然后摆放营养钵或穴盘，边上用土封牢，覆膜，减少水分蒸发。如采用床土育苗或"两段育苗法"落籽育苗的，电热线上应覆盖3～5厘米厚的营养土，待播种。

电热温床

◎ 第四节 播种育苗

一、播种方式

蔬菜播种方式分为撒播、条播和穴播三种。

❶ 撒播

将种子均匀地撒播于畦中，其上覆薄土一层。一般用于生长期短、营养面积小的绿叶菜类（如芹菜、菠菜、不结球白菜等），也多用于育苗移栽的茄果类、甘蓝类、葱类等蔬菜的播种。

❷ 条播

根据蔬菜的行距开沟播种。一般用于生长期较长和营养面积较大的菜类（如大白菜、豌豆等），以及需要中耕培土的蔬菜。

❸ 穴播

按蔬菜的株行距开穴播种；或按行距开好沟，再按株距点播种子。一般用于生长期较长的大型菜类（如南瓜、萝卜、菜豆、豇豆等）以及需要丛植的蔬菜。

二、播种期

蔬菜播种期应根据各种蔬菜的生物学特性、对外界环境条件的要求、生产季节及市场需求选择适宜的时间，以获得优质、丰产、高效的目的。因此，播种期的确定应根据不同蔬菜的定植期、育苗条件和技术而定。气温低时育苗期相应延长，平原地区播种育苗要早一些，山区温度低则播种育苗要晚一些，大棚早熟栽培设施条件好、管理水平高的，可适当提前播种育苗，提早上市，否则适当推迟。

三、播种量

播种量的多少，主要取决于种子的大小、播种的密度、播种方式、种子质量（发芽率）、土壤、气候、病虫害、育苗方式等条件。在实际生产应用中，要依据土壤、天气、病虫害、育苗方式（直播或育苗）、播种方式（穴播、条播或撒播）、耕作水平等情况，适当增加播种量的0.5～4倍。

表1　主要蔬菜穴盘育苗用种量

种类	亩用种量/克	种类	亩用种量/克
白菜类	25～50	苦瓜	100～150
芥菜、甘蓝、花椰菜	10～30	西葫芦、丝瓜、冬瓜、芹菜	50～100
瓠瓜	100～150	青花菜、茄子、辣椒	10～25
南瓜	60～100	番茄、生菜、莴苣	10～20
黄瓜	50～100	芦笋	200～300

四、种子处理

种子播种前的浸种、催芽和药剂处理是促进种子发芽整齐健壮和正常生长的重要措施。不同种类的蔬菜以及同一品种的不同播种季节，种子处理方法不完全相同。

❶ 浸种

一般采用温汤浸种，水温55℃，用水量为种子量的5～6倍。浸种时种子要不断搅拌，并随时补给温水保持55℃水温。经10分钟后，降低水温，喜凉蔬菜降至20～22℃，喜温蔬菜降至25～28℃。然后洗净附着在种皮上的黏质，以利种子吸水和呼吸。浸种后进行催芽处理。在土壤温度适宜发芽时，可以不浸种，而只进行种子药剂消毒。

❷ 种子药剂处理

（1）药粉拌种。一般取种子重量0.3%的杀虫剂和杀菌剂，与种子混合拌匀。

（2）药水浸种。先把种子放在清水中浸泡5～6小时，然后浸入药水中，按规定时间消毒。捞出后，用清水冲洗种子，即可播种或催后播种。药水浸种的常用药剂有：福尔马林、1%硫酸铜水溶液和10%磷酸三钠或2%氢氧化钠水溶液。

催芽室

（3）催芽。催芽是保证种子在吸足水分后，促使种子中的养分迅速分解运转，供给幼胚生长的措施。温度、氧气和饱和空气相对湿度是催芽的重要条件。用透气性好的布包裹种子，种子要保持松散状态，种子表面附着的水分要甩干。催芽期间每隔4～5小时松动包内种子，换气一次，并使包内种子换位。种子量大时，每隔20～24小时用温热水洗种子一次，清除黏液，以利种皮进行气体交换。洗完种子后沥干水分松散装包，继续进行催芽。种子在"破嘴"时给予1～2天0℃以下的低温锻炼，能提高抗寒能力，加快发育速度。

表2　主要蔬菜种类种子发芽适宜温度和催芽时间

类别	发芽适宜温度/℃	催芽时间	类别	发芽适宜温度/℃	催芽时间
黄瓜	30	1天	茄子、辣椒	30	4～5天
冬瓜	32	3天	结球甘蓝、花椰菜	20	1天
南瓜、丝瓜	32	17～20小时	芹菜	20	5天
西瓜	35	1～2天	莴苣	22	16小时
番茄	30	3天			

五、穴盘播种

① 基质消毒、预湿与装盘

包装良好的商品育苗基质一般不需要消毒。如自配基质，或商品育苗基质存放时间较长、存放场地潮湿受潮不清洁，可能感染滋生病菌时，在使用之前应采用福尔马林等化学药剂或多菌灵等杀菌剂进行消毒处理。为便于装盘，将基质加水调节湿度至最大持水量的60%～70%（用手捏挤有少量水渗出，放下不散坨），一般国产育苗基质每50升加水3～4升，进口基质要稍多些，堆置2～3小时，使水分分布均匀，但仍保持松散状态，不产生结块。把预湿好的育苗基质装入育苗穴盘中，稍压实，使每个孔穴都充满基质，松紧适中，孔穴底部无空隙，装盘后穴盘表面格室清晰可见。

② 压播种穴

用压穴模板在装好育苗基质的穴盘表面的每个穴孔上压出直径1～1.5厘米、下凹约1厘米的圆形播种穴；也可将装好基质的育苗穴盘（孔穴数相同）上下重叠4～5盘，上面放一只空盘，用力均匀下压，让每个穴孔内的育苗基质下陷0.5～1厘米。

机器压穴

③ 播种、覆盖与浇水

每穴孔播一粒种子，瓜类等品种的种子要平放。为防止少量种子不发芽或不出苗，可以适当多播几盘作补苗备用。播后刮去多余的基质使基质与穴盘格室相平，盘面用原基质或蛭石覆面，以减少播种穴水分蒸发。第一次浇水要充分浇透（忌大水浇灌，以免将种子冲出穴盘），以穴盘底孔出现渗水为宜；或采用浸湿法，将播种后的穴盘轻轻放在水池上（不能用外

力压穴盘），使穴盘基质吸收水
分，待穴盘表面基质湿润、穴盘尚
未被水浸没前将穴盘取出，沥干水
分后摆放在苗床中出苗或置于催芽
室催芽。也可不经催芽而直接用半
自动或全自动流水线播种机播种。

④ 出苗、补苗

采用催芽室出苗的，将播入种
子的育苗穴盘放入催芽室，调控温

播种机

度和湿度，待60%的种子出苗时立即把育苗穴盘移至苗床上进行出苗管
理。不采用催芽室出苗的，直接把育苗穴盘摆放在苗床上，低温季节在育

辣椒出苗

苗穴盘表面盖一层地膜保
温保湿，高温季节在育苗
穴盘表面覆盖2～3层遮阳
网降温保湿，待30%的种
子出苗后，及时揭去盘面
覆盖物（地膜、遮阳网
等），适当通风降湿。在子
叶展开至2张真叶时，及时
用健壮苗进行补缺补弱，
保证每穴有一株健壮苗。

◎ 第五节 苗期管理

育苗期间的环境条件，包括温度、光照、水分及营养条件等，直接影响到幼苗的生长速度、花芽的多少和开花的迟早，因此，为培育壮苗，必须创造适宜的温度、光照等条件，促进秧苗正常生长和发育。

一、温度管理

温度的高低对幼苗的生长速度有较大关系，温度过低，生长缓慢或停滞，造成僵苗；温度过高，则生长过快，易造成徒长。不同蔬菜的幼苗对温度的要求不同，同一种蔬菜幼苗在不同的生长阶段对温度的要求也不相同。一般掌握"两高两低"的原则，即播种后至出苗前温度高些，为加速出齐苗，白天充分见光提高床温，夜间覆盖保温，可使出苗快而整齐；出苗后揭去地膜，"戴帽"的瓜苗、豆苗要及时人工去壳，到第一片真叶展开前适当降低苗床温度，防止秧苗徒长形成"高脚苗"；子叶展开真叶长出后，适当提高温度促进生长，移栽前一周适当降低温度进行炼

覆盖保温保湿

脱帽

苗，床温可降低至15℃，并逐渐降低温度和揭膜通风炼苗，以提高适应性和抗逆性。秧苗健壮，则移栽后缓苗时间短，恢复生长快。

二、肥水管理

保持苗床或营养钵、穴盘等基质适宜的含水量以及空气相对湿度对秧苗正常生长和减少病害有重要作用。不同种类的蔬菜秧苗生长对水分的要求不同，黄瓜根系少，分布浅，叶片蒸发量大，对水分的要求比较严格。茄子秧苗生长对床土水分的要求比番茄秧苗的要求高，只有在保水性较好的基质中育苗，才能培育

叶菜潮汐式灌溉

壮苗。一般蔬菜育苗的含水量为基质持水量的60%～80%较为适宜。苗床浇水量和浇水次数应视育苗期间的天气和秧苗生长情况而定，在穴盘基质发白时补充水分，每次喷匀浇透。夏天以早上温度低时浇水为宜，防止中午植株凋萎，傍晚浇水则容易造成植株拔高徒长；冬春育苗期间浇水一般宜干不宜湿，应尽量控制湿度，防止幼苗徒长和病害发生，阴雨天、日照不足和湿度高时不宜浇水。畦床边缘的穴盘周边要用床土封实，防止穴盘边缘较快失水。

育苗期间一般不需要追肥，如育苗后期缺肥或苗龄延长，可结合病虫防治喷施0.3%尿素及0.2%磷酸二氢钾。如遇强冷空气影响时，除采取闭棚保暖，加盖小拱棚膜、覆盖遮阳网或无纺布等保温措施外，苗床应停止浇水，控制营养钵内水分含量，低温来临前两天再喷一次0.2%磷酸二氢钾，以提高植株抗逆性。

三、光照管理

蔬菜秧苗的发育要求一定的光照时数、强度及光周期（短日照），保持适宜的光照，有利于培育壮苗，促进花芽分化。冬春育苗时，光照弱，气

温低，苗床内应尽量增加光照，如使用新农膜可增加透光率，提高温度，促进幼苗生长。在苗床温度许可的情况下，小拱棚膜要尽量早揭晚盖，延长光照时间，降低苗床湿度，改善透光条件。即使遇到连续大雪、低温等恶劣天气，也要在保持苗床温度不低于16℃的情况下，利用中午温度

增温补光

相对较高时通风见光以降低湿度，不能连续遮阴覆盖。瓜类、茄果类育苗根据光照强弱进行人工补光，一般每10米²苗床用1个功率为300瓦左右的灯泡，挂于小拱棚的横杆上，在10～14时补光。在久雨乍晴的天气下，苗床温度会急剧升高，秧苗会因失水过快而发生生理缺水，出现萎蔫现象，不宜马上揭膜见光通风，用喷雾器在幼苗上喷水雾，可缓解萎蔫程度。夏秋育苗时，光照强度大，气温高，可覆盖遮阳网遮阴降温，减少土壤水分蒸发量，并勤盖勤揭，晴天上午覆盖遮阳网，15时后和阴雨天要揭去，以培育健壮秧苗。另外，蔬菜苗床上的日照时间长短对幼苗的生长发育有着重要影响，特别是瓜类蔬菜。如黄瓜等多数品种属于短日照植物，在夜温

表3　蔬菜幼苗期适宜温度

种类	白天/℃	夜晚/℃	种类	白天/℃	夜晚/℃
茄子	22～25	17～20	南瓜	24～26	20～22
辣椒	25～28	18～21	西瓜	24～28	20～22
番茄	20～23	15～18	甜瓜	22～24	18～20
黄瓜	20～25	15～16	甘蓝	18～20	12～15
西葫芦	20～25	12～15	西蓝花	18～20	12～15
冬瓜	22～28	12～15	芹菜	20～22	12～15
生菜	18～21	16～18			

低（15～17℃）的条件下，每天8～10小时的短日照有利于黄瓜花芽分化，促进黄瓜雌花节位降低，雌花数量增加；而在10小时以上长日照和夜温高（18℃以上）的情况下，则黄瓜雄花增多。因此，夏黄瓜育苗，当黄瓜第一片真叶展开后，要通过揭盖覆盖物控制日照时间在8～10小时之间，促进多长雌花，为早熟丰产打下基础。

四、病虫害防治

早春育苗因苗床温度低、湿度大，易发生猝倒病、炭疽病等多种病害，除尽量降低棚内湿度、增加光照外，还可喷药防病。连续低温弱光阴雨天气不能喷药时，可用一熏灵熏蒸，每标准棚用4颗，小拱棚内禁止使用，以防药害。注意蚜虫防治，移栽前喷药追肥，做到带肥带药下田。

番茄育苗床黄板粘虫

西瓜徒长苗

五、壮苗特征

壮苗，是指适龄壮苗。壮苗表现为秧苗生长整齐，大小一致，茎秆节间粗短壮实，叶片较大而肥厚，叶色正常，根系密集色鲜白，根毛浓密，根系裹满育苗基质，形成结实根坨，无病虫害，无徒长。徒长苗则表现为茎细、节间长、叶片薄、叶色淡子叶甚至基部的叶片黄化或脱落，根系发育差，须根少，病虫害多，抗逆性差等，定植后缓苗慢，易引起落花落果，甚至影响蔬菜产品商品性和产量。

各类壮苗，从左往右依次为：西蓝化、化椰菜、白菜、番茄

六、穴盘育苗常见问题及对策

穴盘育苗常见问题及对策详见表4。

表4　穴盘育苗常见问题及对策

常见问题	问题分析	对策
不发芽或 发芽率低	浇水过多、基质过湿，引起沤根、缺氧、种子腐烂，或夏天高温高湿，冬天温度过低	选择合格可靠的基质，根据种子发芽条件要求供应适宜的水分和温度，控制浇水，夏天防止高温高湿，冬季育苗进行必要的加温
	种子萌动后缺水导致胚根死亡	选择质量可靠的基质，根据种子发芽条件要求供应适宜的水分
	基质EC值与pH不当	调节pH（在5.5～5.8范围）以及EC值
	施用基肥过多，引起盐分为害	适当使用肥料，严格控制EC值
	种子质量问题	确保种子质量
成苗率低	病虫害	加强防治
	肥害、药害	合理施肥、施药；发生肥害、药害后采取穴盘浸水或喷洒清水缓解症状
	浇水不及时，过干；或浇水时水流过大	控制水分，合理浇水

常见问题	问题分析	对策
长势不均匀，一般穴盘边缘的植株生长势弱于穴盘中央植株	穴盘边缘水分散失快且不易浇透水，易干，肥料不足	穴盘边上封牢，提高保水性，加强日常水肥管理，做到均匀一致
	泥炭一旦干燥就很难再次浇透，造成穴盘边缘水分亏缺，苗长势弱	合理配比介质，如掺入适量的蛭石、珍珠岩
	穴盘摆放不当，造成浇水不方便、不均匀	穴盘均匀摆放，必要时调整位置，确保肥水、光照均匀
僵苗或小老苗	缺肥	注意施肥
	经常缺水	注意浇水
	喷药时施药工具有矮壮素等残留	使用矮壮素后仔细清洗喷药工具
早花	环境恶劣，缺肥、缺水、苗龄过长等	提供适宜的环境条件，根据需要适当施肥，及时浇水，控制播种期，保证适宜的苗龄
徒长	氮肥过多	平衡施肥
	挤苗	选择合适的穴盘规格，控制苗龄
	光照不足	阴雨天气尽可能加强光照，并结合温度、水分供应控制徒长，必要时人工补光
	水分过多、过湿	合理控制水分和湿度
顶芽死亡或叶色失常	缺硼、缺钙等缺素症	增施硼肥、钙肥
	缺钾会引起下部叶片黄化，易出现病斑，叶尖枯死，下部叶片脱落	增施钾肥
	缺铁会引起新叶黄化	补充铁肥，或施用叶面肥增施微量元素
	pH不适引起叶片黄化	浇水时注意pH的调节
	蓟马等虫害为害	注意防虫

◎ 第六节 嫁接育苗

茄果类、瓜菜类蔬菜嫁接育苗技术通过嫁接换根，既保持接穗的优质性状，又利用砧木根系发达、抗逆性强等优点，促进植株生长健壮，减轻连作障碍，减少农药使用，显著提升品质、提高产量、增加效益。目前采用嫁接换根的品种主要有番茄、茄子、苦瓜、西瓜、甜瓜、瓠瓜、丝瓜等。

一、砧木品种选择

砧木品种不同，嫁接效果各不相同。砧木选择要考虑亲和性、抗病性、耐低温能力、增产增效能力以及发芽率等综合因素，宜根据栽培季节及生产目的不同选用专用砧木，有的选择抗病性强，有的选择综合性好的，如番茄春茬、越夏、秋茬栽培应选用抗青枯病、枯萎病能力强的砧木，越冬茬、早春茬则应选用抗根腐病能力强的砧木。

南瓜砧木

二、确定播种时间

为了使接穗和砧木苗的嫁接适期协调一致，必须在播期上进行调整。

西瓜接穗

砧木和接穗的播期因所用砧木的品种不同而异，因此砧木和接穗的播期因品种而异，其主要取决于砧木苗的出苗和生长速度。如以托鲁巴姆作为茄子砧木品种，一般要比接穗提前35～40天播种。西瓜嫁接，用瓠瓜作砧木，应提前一周左右播种。番茄嫁接，用野生番茄作砧木，可同步或提前一周育苗；用茄子作砧木，因茄子生长慢，宜提前15～20天播种。苦瓜嫁接，用丝瓜作砧木，需提前10天左右播种。对于接穗而言，苗龄愈小愈容易成活，苗龄大，则蒸发量大，容易凋萎，影响成活率。

嫁接

西瓜顶插接法

三、选用正确嫁接方法

瓜类主要选用顶插接法，具有嫁接成活率高、操作简便快捷的优点；也有的选用劈接法，成活率高，但效率稍低。茄果类嫁接比瓜类嫁接容易，方法简单易行，成活率高，常用的嫁接方法有劈接法、套管法、针接法等。

四、嫁接后的管理

嫁接后秧苗管理直接关系到秧苗的成活率和质量，特别是嫁接后一周内的管理至关重要，必须精心进行"护理"，是培育壮苗的重要环节。应注意以下三点：

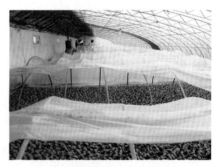

嫁接后覆盖薄膜保温增温补光

❶ 适时喷药杀菌

嫁接苗带有较大的伤口，嫁接后秧苗又处于一个密闭和高湿的环境，24小时内秧苗易感染细菌，如嫁接茄子髓腔黑褐色坏死，称之为髓坏死的病害即来源于此，一旦感染该病，植株矮化，髓腐烂中空，果实坚硬如石，无任何商品价值。嫁接苗床上接触土壤和水，极易感染黄萎病等病害，嫁接后少量植株感病即来源于此。根据实践经验，最佳喷药时间应在嫁接后6～12小时。药剂一般可用百菌清、甲基硫菌灵等预防。

② **遮阴保湿是关键**

嫁接苗床遮阴保湿是提高秧苗成活率的关键措施。为增加小拱棚内湿度，可在嫁接前一天浇透苗床。嫁接当天，把嫁接好的秧苗移入苗床后，立即用喷雾器喷清水，防止失水萎蔫，然后覆盖小拱棚保湿，并及时在小拱棚上遮盖草帘等遮阳物遮阴。苗

嫁接后保湿

床内空气相对湿度达到90%以上，遮光率为100%，在无光环境下要达到24小时，只有在遮光和高湿的条件下，嫁接口才不易失水。遮阴24小时后，要进行半遮阴，即清晨和下午拉开草帘，避开直射光，只用散射光。3天后，只在12～15时遮阴，其他时间要揭帘透光。7天后可不再覆盖草帘，如果发现苗床土不够湿润，要及时浇水。

③ **格外注意增温和通风**

嫁接后的秧苗只有提高温度，伤口才能愈合得快、愈合得好，苗床内的温度在嫁接后的前3天要保持在30℃以上。冬春季育苗，嫁接后3天内温度通过人工加温来调节，若夏秋季育苗，这3天温度需遮光遮阴来调节，不可通风。3天后温度保持在25～30℃，7天后适当通风炼苗，白天25～28℃，夜间15～18℃，

嫁接后愈合

西瓜嫁接后成苗

15天后转入正常管理。嫁接后前3天一般不通风，嫁接3天后可适当通风，若叶片发生萎蔫，要及时向叶面喷水，盖上棚膜。苗床通风先小后大，由早晚通风渐至中午，直至嫁接苗不发生萎蔫时可全天通风。苗床开始通风后要及时浇水。一般嫁接后10～12天接口愈合，嫁接苗成活后要及时定植。定植时不必去除嫁接夹或套管，经日晒会自然老化脱落。定植时嫁接苗不宜栽得过深，培土时也要注意，防止接穗生根。

第三章

主导及特色品种设施栽培技术

设施蔬菜生产除保温早熟延后栽培外，还有避雨、防虫隔离、遮阴降温等作用，这些技术的应用，不仅解决了低温和高温季节的蔬菜生产与供应问题，还能提高蔬菜质量，减少农药使用，降低环境污染，预防水土流失，在保障蔬菜有效供给、农业增效、农民增收等方面发挥巨大作用。

◎ 第一节 番茄

番茄（*Lycopersicon esculentum*），又叫西红柿，是多年生草本作物，适应性强，全国各地均有栽培，南方番茄以鲜食为主，加工主要在新疆、内蒙古和甘肃；番茄是浙中地区蔬菜产业主栽品种之一，主要产地有温州、金华、丽水等。番茄果实，既是蔬菜，又是水果，营养丰富，含多种维生素、矿物质、胡萝卜素等，具抗癌和减少心血管疾病发病率的作用，且风味独特，生熟皆宜。番茄产量高，并可加工成酱、汁、沙司，提高附加值。本地生产番茄保护地栽培，以菜用为主。

金东区前王畈蔬菜精品园

一、生物学特性

番茄喜温，不耐高温怕霜冻，温度适应能力强，在10～35℃均可生长。番茄（本文指大果番茄）根系发达，分布广而深，植株生长强健，生长期长，采果期长；茎为半蔓性至直立，分枝能力强，需支撑扶持；每一花序一般花数5～10朵，

番茄商品果

需整枝打顶；丰产性强，喜温喜光，土壤pH 6～6.5，对土壤适应性强。按生长习性，植株有无限生长与有限生长之分；按果实的颜色有大红、粉红及黄色等；按其成熟期可分为早熟种、中熟及晚熟种；根据育苗及生长时间的不同可分为早春番茄、春番茄、夏番茄、秋番茄，在本地则以春番茄与夏番茄生产为主。

二、栽培季节

春番茄与夏番茄物候期具体见表5。

表5　春番茄与夏番茄物候期

季节	播种	移栽	定植	采收
春番茄	上年11月中旬	上年12月中下旬	2月上旬至3月上旬	4月下旬、5月上旬至7月下旬
夏番茄	1月上中旬至3月上旬	2月上旬至4月上旬	3月中旬至4月上旬	6月上中旬至8月中旬

三、品种选择

春番茄宜选择无限生长型、货架期长、品质好、产量高、耐寒（耐热）、商品性好的番茄品种，如硬果型番茄百灵、科迈、宝玉，软果型番茄浙杂809、合作903、518；夏番茄可选用百灵、瑞丰、浙杂204等耐热品种。

四、主要栽培技术

1 育苗管理

（1）苗床处理。苗床可选择近三年内未种过茄果类作物，含丰富有机质的疏松土壤，施足有机肥，用噁霉灵或多菌灵进行苗床消毒；也可用大田土60%～70%、有机肥30%～40%、少量化肥及杀菌剂配制成营养土，装营养钵；还可采用32孔或50孔穴盘基质育苗。

（2）种子处理。播前进行温汤浸种消毒处理，杀灭种子表面的病菌，多次淘洗、沥干后按常规催芽播种。包衣种子已作处理，则无须浸种消毒。

（3）苗期管理。春番茄11月中旬育苗，播种后，畦面覆盖遮阳网，其上覆薄膜保温保湿，种子发芽温度保持白天25～35℃，夜间15～18℃，相对湿度维持在95%～100%。当种子露头时，及时揭去遮阳网、地膜，搭建小拱棚，加盖棚膜并覆遮阳网。12月上中旬番茄长出第二片真叶时及时用营养钵分苗，假植前喷药防病；也可

营养钵育苗

采用营养钵或穴盘育苗。假植应选晴天进行，假植后浇足水，大棚、小棚同时密闭5～7天保温保湿，温度保持在28℃左右，苗成活后保持温度15～25℃。若夜间温度降至5℃，还需在小拱棚上加盖棚膜，若夜间温度达0℃以下，则在小拱棚上加盖双层膜中间夹遮阳网保温，晴天则白天揭去小拱棚覆盖物；若棚内温度超过30℃，需加强通风，防止高温致秧苗徒长。缓苗后看苗情移苗，扩大苗

穴盘育苗

间距离，待第一花序绽开1朵大花蕾（软果番茄）时，定植到大田。看幼苗生长情况追施三元复合肥一次，从而达到壮苗要求。也可直接购买商品苗定植。

穴盘育苗则在播种后将穴盘摆好，用带细孔喷头的喷壶喷透水，忌大水浇灌，盖双层遮阳网加地膜，利于保水保温、出苗整齐。种子发芽管理与苗床育苗相同。长出2片真叶时严格控制温度、湿度、光照等，具体操作与苗床育苗假植后管理相同。二叶一芯期揭去遮阳网、棚膜。

定植

❷ 定植

春番茄2月上旬至3月上旬定植到大棚，实行地膜、小拱棚、大棚三层覆盖栽培，定植前一天开棚通风换气，定植后全棚封闭栽培。棚温保持在30℃左右，若遇到0℃以下冷空气时，再加盖大棚边膜保温；棚温35℃以上时，则揭膜通风。硬果番茄定植密度：行距×株距＝70厘米×（45～50）厘米，亩栽1600～1800株；软果番茄定植密度：行距×株距＝70厘米×30厘米，亩栽2200株左右，双行定植。夏番茄无须小拱棚覆盖，亩栽2200株左右。

❸ 田间管理

（1）温度管理。定植后7天，为促进秧苗迅速恢复生长，保持高温高湿，白天不放风。定植前期以保温为主，白天棚内温度保持在20～25℃，晚上最低不低于13℃；之后随着温度的升高和植株生长，需加大通风量。番茄开花期的适温为15～25℃，低于15℃或高于35℃不利于花的发育和结果；结果盛期适宜温度为15～28℃，低温条件下果实生长缓慢，12℃以下着色不良，35℃以上茄红素难以形成。

（2）植株调整。番茄各叶腋都能抽生侧枝，分枝力强，分枝不仅消耗大量营养，且通风不畅，易引发病虫害、推迟熟期，因此要进行植株整理。适时搭架绑蔓或吊蔓，植株生长至 15 厘米以上，及时插竹竿或用吊绳牵引，单蔓整枝，只留主蔓，及时除去所有侧枝，增强通风透光，促进果品转色、果形增大。无限生长型番茄采用斜蔓上架，主蔓生长至 40～50 厘米时，将该蔓倾斜拉至旁边竹竿，依次类推，不仅可降低高度，利于养分输送，同时有利光照，便于生产操作；吊蔓则直接上架。留 8～10 穗果后打顶摘芯，同时除去其上侧枝，单穗留果 4～6 只。打杈要适时，最好在晴天上午进行，以免植株伤口感染。番茄生长后期，下部叶衰老或发生病虫害，失去光合机能，为减少病虫害发生，除增加通风透光外，还要及时摘除老叶。

番茄斜蔓上架

吊蔓

（3）保果处理。气温过高或过低易引起落花，早春气温低于 15℃，盛夏气温高于 30℃以上时，须采用人工辅助保花坐果，可用番茄专用特效坐果灵、防落素等生长调节剂处理花序，防止落花，促进子房膨大，果实迅速生长，果形整齐。药液浓度需随温度而定，气温高则浓度要低，气温低则浓度适当提高，否则会因浓度过低无效或浓度过高导致畸形果或裂果。

（4）肥水管理。定植前选好田

生长调节剂喷花

块，根据番茄生长情况及对肥料的需求，重施有机肥，结合整地每亩施鸡粪2500千克、高钾中氮低磷复合肥40千克、硫酸钾40千克、硫酸镁20千克，还可视情况施入硼砂4～5千克；深翻做畦连沟1.6米（软果番茄做畦连沟1.15米），然后畦面覆盖地膜，密闭

整地做畦施基肥

大棚，腐熟有机肥，杀灭病菌，提高地温；定植后立即浇足定根水。番茄生长期长，不断开花结果，需肥量大，除基肥外，还需追肥，适当追施果实膨大肥，第一穗果开始膨大时，结合滴灌浇水追施催果肥，亩施高钾中氮低磷复合肥20千克；在番茄盛果期，结合喷药喷施叶面肥，可用0.2%～0.3%磷酸二氢钾喷施2～3次。在低温期应适时喷施叶面肥，特别是在长期低温阴雨等不良条件下，光合产物少，体内积累物消耗多，因此天气见晴应及时进行叶面肥喷施，补充植株养分，增强抗逆性。

④ **采收**

本地番茄采收以鲜销果实为主，一般整果着色，即可采收，此时营养价值最高，是作为鲜菜食用的采收适期。采收时应轻摘轻放，避免机械损伤。分级装筐运输。

⑤ **病虫害防治**

采取"以防为主、综合防治"的原则。番茄苗期主要预防立枯病、猝倒病、疫病与灰霉病，采用苗床撒噁霉灵药土或选用多抗霉素、霜脲·锰锌、异菌脲加嘧霉胺等农药叶面喷雾防治。

番茄生长期主要病害有灰霉病、叶霉病、青枯病、细菌性髓部坏死

番茄青枯病

病、早（晚）疫病、脐腐病，主要虫害有潜叶蝇、斜纹夜蛾、红蜘蛛、蚜虫等。灰霉病可用腐霉利、异菌脲等预防；叶霉病可用氟硅唑、嘧菌酯等预防；早（晚）疫病可用噁霜·锰锌、烯酰吗啉等预防；青枯病可通过抗病品种嫁接、发病前期用农用链霉素灌根预防；番茄细菌性髓部坏死病可用噻菌铜、噻唑锌等预防；脐腐病由缺钙引起，防治办法是保持一定土壤湿度、稳定土壤水分或用1%过磷酸钙浸出液进行叶面喷施补钙。斑潜蝇可用灭蝇胺、阿维菌素防治；斜纹夜蛾可用茚虫威等农药防治；红蜘蛛可用联苯肼脂、阿维菌素等农药防治；蚜虫用呋虫胺、氟啶虫胺腈等农药防治。

番茄脐腐病 番茄嫁接苗

◎ 第二节　茄子

茄子（*Solanum melongena*）又称落苏，属茄科一年生蔬菜。它起源于东南亚，在我国栽培历史悠久，它的紫皮中含有丰富的维生素E和维生素P，这是其他蔬菜所不能比的。茄子品种繁多，按其形状不同可分为圆茄、灯泡茄和条茄三种。我国南方栽培最广的是条茄。

金华市郑果家庭农场

一、生物学特性

茄子对土壤要求不严，以富含有机质、土层深厚、疏松、排水良好的壤土为好，pH 6.8～7.3最佳。茄子属喜温蔬菜，耐热而不耐寒，喜水又怕涝，种子发芽适宜温度25～30℃，生长发育适宜温度20～30℃，结果适宜温度25～30℃，生长最适空气相对湿度为70%～80%，土壤湿度在80%左右。茄子根系发达，主要根系分布在30厘米以内，易木质化，再生能力差。株高0.6～1.0米，幼苗茎为草质，成苗后逐渐木质化，茎直立，基部木质化后呈丫形分枝。茄子为互生单叶，倒卵圆形或长椭圆形，叶缘有波浪式钝缺刻，叶面有茸毛，叶脉和叶柄有刺毛。叶柄长，叶身大，花单生或序生，着生于节间。茄子花为两性花，紫色或淡紫色。果实为浆果，胎座特别发达，形成果实的肥嫩海绵组织，用以贮藏养分，形成食用部分。种子呈肾形，黄褐色，有光泽。

二、栽培季节

茄子大棚早熟栽培一般于9月中下旬至10月中旬播种，苗龄60天左右，上年11月下旬至12月上旬定植，采用地膜、小棚、中棚、大棚四层覆盖越冬，2月中旬开始采收上市，4月为采收旺季，6月中旬采收结束，亩产量3500～4000千克。

三、主要栽培技术

① 品种选择

应选用早熟性好、比较耐寒、抗病丰产、品质优良、商品性好、适宜当地消费习惯和市场需求的优良品种，如杭茄系列、浙茄一号、引茄一号等。

② 播种育苗

（1）播种准备。采用营养钵或穴盘基质育苗。营养钵育苗要在播种前一个月左右堆制营养土，营养土要求土质疏松透气，营养完全，保水保肥，无病虫害。播种前进行种子消毒、催芽，大部分种子露白即可播种。

（2）播种。每亩茄子用种量25克左右。播种前准备好苗床，苗床要平整，播种时先浇足底水，8～10厘米内的土层要湿润，然后每平方米苗床均匀撒施4千克药土，播种后再撒2千克药土和细潮土覆盖。播种覆土后盖一层遮阳网和薄膜，保温保湿，白天温度控制在20～25℃，夜间15℃左右。

（3）假植。茄子假植在花芽分化前进行，秧苗花芽分化为二叶一芯期，选晴天或阴天假植，假植后及时浇足水，盖上小拱棚，保持棚内温度在28℃左右，保温保湿4～5天，促进新根发生。为了促使雌花增多和开花节位低，温度应控制在白天30℃，夜间25℃，长到4叶期，花芽分化完毕，温度和湿度管理恢复常态。

（4）苗期管理。苗期棚内昼夜温度控制在18～25℃，秧苗假植成活后，大棚内温度超过30℃时要加强通风，小棚薄膜每天应及时揭开，以增强透光，提高光合作用能力。育苗前期温度较高，浇水要勤，进入11月，要适当控制浇水，做到钵内营养土不发白不浇水，要浇就浇透。

营养钵育苗

茄子壮苗

③ 定植

（1）整地施肥。基肥应在定植前半个月施入，每亩施入腐熟有机肥2500～3000千克、复合肥50千克，翻耕做畦，畦宽1.5米（连沟），撒施清根素500克，预防土传病害，耙平畦面，扣盖大棚膜，以提高棚内的土温，有利于定植后缓苗。

（2）适时定植。定植应选冷空气过后的晴天进行，每畦种两行，株距40～50厘米。定植后，宜浇适量根肥，随即搭小拱棚盖膜保温，以促进新根发生，及早缓苗。定植后缓苗前要保温保湿，白天棚内气温应控制在28～30℃，夜间气温20℃以上，地温保持在15～16℃，土壤保持潮湿。

整地做畦

定植

❹ 大棚管理

（1）保温防寒。茄子早熟栽培主要采用大棚套小棚加地膜覆盖，遇冷空气时，在大棚和小棚之间套上中棚，在小棚上覆盖草帘或遮阳网保温防冻。

（2）通风透光。茄子定植缓苗后，要逐步加强通风透光管理，在

多层覆盖保温栽培

低温季节，每天上午9时揭开小棚上覆盖的草帘或遮阳网，10时揭开小棚薄膜，揭开小棚膜前，洗清除大棚膜内的水珠，以防水珠滴落到茄子植株上引发病害。晴天上午10～11时观察或感觉棚内温度，保持棚温25℃左右，过高则将大棚膜揭开几处通风。

（3）整枝和保花保果。将门茄以下的侧枝全部摘除，保留门茄以上侧枝，在第一档果挂果后，将果实下的叶片摘除，着生花蕾或幼果的枝条也可适当摘除部分叶片；徒长、坐果少的植株，叶片多摘，可增强通风透光，提高坐果率，减少病虫害发生。在低温阶段应采用2，4-D或红茄灵点花保果，点花的最佳时期是花蕾发紫，含苞待放时。

（4）肥水管理。定植成活后至4月上旬，气温低，一般不浇水，4月中旬以后，温度明显回升，连续晴天，土壤干燥，应浇水或沟灌水。每采收两次追

植物调节剂喷花

肥一次，肥料可用人粪尿或复合肥等，结合灌水每次每亩施15～20千克复合肥，穴施或沟施。另外可结合病虫防治追施磷酸二氢钾等叶面肥。

（5）病虫害防治。病虫防治，预防为主，认真做好各项农业预防措施。选用抗病品种，播种前进行种子消毒；实行轮作；进行土壤消毒，通

茄子枯萎病

过深翻、暴晒、水浸，消灭土壤中的病原菌，或用药剂消毒；除草清园，及时清理病叶、病株、病果，烧毁或深埋，减少病源；加强通风透光、肥水管理，降低棚内湿度，及时进行药剂防治。

茄子常见的主要病害有黄萎病、枯萎病、猝倒病、绵疫病等。黄萎病和枯萎病可选用嘧菌酯、春雷霉素、噁霉灵叶面喷雾加灌根；猝倒病可选用霜霉威、多抗霉素等农药防治；绵疫病可选用异菌脲、代森锰锌等防治。

茄子的虫害主要有斜纹夜蛾、蚜虫、蓟马、红蜘蛛、瓢虫、烟青虫、棉铃虫等。斜纹夜蛾可选用斜纹夜蛾核型多角体病毒、茚虫威、虫螨腈等防治；蚜虫、蓟马可选用黄板、蓝板诱杀和啶虫脒、呋虫胺等防治；红蜘蛛可选用虫螨腈、联苯肼脂等防治；瓢虫可用阿维菌素等防治；烟青虫、棉铃虫可用阿维菌素、茚虫威等防治。一般每隔7~10天施用一次，交替使用，连续喷防2~3次。还可应用性诱剂、杀虫灯等诱捕成虫，减少虫口繁殖密度，减轻为害。

⑤ 采收

采收的标准是看萼片与果实连接部位的白色环状带，环状带宽，表示茄子生长快；环状带不明显，表示茄子生长较慢，要及时采收。

采收茄子

◎ 第三节 苦瓜

苦瓜（*Momordica charantia*）又名凉瓜，因其果实含有特殊的苦味，故名苦瓜。苦瓜营养丰富，所含蛋白质、脂肪、碳水化合物等在瓜类蔬菜中较高，特别是维生素C的含量，每百克高达84毫克，居瓜类之首。

苦瓜春、夏、秋季均可栽培，是夏秋优质蔬菜之一，适于市场销售和出口，又是加工罐头的原料，并有一定的药用价值。苦瓜是浙中地区蔬菜主栽品种之一，本地种植苦瓜以鲜食为主，保护地栽培。

苦瓜

一、生物学特性

苦瓜属葫芦科植物，为一年生攀缘草本，喜温喜光，不耐涝，在肥沃疏松、保水保肥力强的壤土上生长良好。苦瓜种子个体较大扁平，种皮较厚；叶色呈黄绿色，叶面为掌状深裂，光合作用能力较弱；花黄色，单生，雌雄同株；根系较为发达，多生侧根；茎为蔓生，能生侧蔓，各节有腋芽、花芽和卷须，卷须单生；果实为翠绿色，

金东区金刚屯畈城郊蔬菜基地

表面有瘤状突起不规则分布，成熟后籽瓤变成红色。苦瓜耐热、不耐寒，生长适宜温度为25～30℃，种子发芽

适温为30～33℃，幼苗生长适温为20～25℃。

二、栽培技术

❶ 栽培时间

苦瓜大棚设施栽培，以早春与春季栽培为主。1月至2月上旬播种，3月上旬至4月上旬定植，5月上中旬至8月上中旬采收。

❷ 品种选择

宜选择早熟、生长强健、结果力强、抗逆性强、商品性优的苦瓜品种，如翠妃、如玉5号等。

❸ 育苗管理

一般采用穴盘、营养钵育苗移植，应覆盖薄膜防寒。本地实际生产中一般采用商品嫁接苗。

穴盘育苗

（1）种子处理。播前用55℃左右温水浸种、催芽，先露白的种子先播种。

（2）营养钵的准备。育苗前先备好营养土（或基质），用肥沃壤土（稻田土）和腐熟优质农家肥按1∶1比例配制，每立方米营养土加入过磷酸钙1.0～1.5千克、生物钾0.5千克，充分混拌均匀，过筛装入营养钵。播前淋湿营养土，播后盖土1.5厘米左右，浇透水。或采用营养钵育苗。

（3）苗期管理。大棚或者小拱棚薄膜覆盖保温育苗。出苗后

苦瓜嫁接苗

增加通风，减少水分供应，以免徒长。根据棚内湿度情况，进行适当通风。苦瓜移栽前一个星期需低温炼苗，逐步去掉薄膜的覆盖，增加通风量，以适应外界温度。

（4）适时嫁接。苦瓜嫁接是减轻土传病害发生、降低生产成本、提高苦瓜产量和品质的重要措施。砧木宜选用抗病、抗线虫、耐低温、耐渍水品种，本地一般采用黑籽南瓜、丝瓜。砧木嫁接以二叶一芯、两片子叶平展、苗高7~8厘米、接穗真叶5厘米左右为适宜嫁接期。苗龄过大过小均影响嫁接成活率。

采集接穗一般在清晨露水干后，当天采当天嫁接。嫁接场所宜相对密闭遮阴，湿度保持在90%左右。砧木从生长点中心剖深1.0~1.2厘米，接穗削成30°角双斜面，斜面长度与砧木切口深度相同（切削斜面要平整），插入砧木切口内，轻轻按实，使砧木和接穗组织紧密接合，用嫁接夹固定，嫁接后随手放入预先准备好的小拱棚苗床内。

❹ 整地定植

苗龄一般35~45天、幼苗4~6片真叶时定植，选阴天或晴天下午进行。种植地应选择土壤肥沃，排水方便，前作为水稻或三年以上未种过瓜类作物的田块，深耕晒白，精细整地。结合整地，亩施腐熟农家肥2000~3000千克、复合肥30千克作基肥。畦宽连沟1.3米，单行定植，株距1.6米左右，亩植300~380株。定植后，结合防病浇足定根水。

翻耕土地

❺ 田间管理

（1）肥水管理。苦瓜生长期长，结果多，收获时间久，加强肥水管理非常重要。结果后，结合灌水沟施追肥的方式，亩追肥20~25千克复合肥，间隔15天左右，再追施一次，提高苦瓜的产量和品质。

搭架整枝

水平架栽培

篱架式栽培

苦瓜生长期长，雌花可连续结果，耗水量大，必须保证充足的水分供应，田间应保持干湿交替。开花结果期，需水量大，如遇干旱高温天气，应隔天浇灌一次。雨季要及时排除田间积水，防止土壤过湿引起烂根、黄叶。

（2）搭架整枝。株高50厘米或出现卷须时，及时搭架引蔓。采用水平架或篱架栽培，用10厘米左右的尼龙网格或布条等间隔30～40厘米平行缠绕，或每行在篱架上用同样标准的尼龙网格将两头固定，引蔓上架。摘除主蔓1米以下全部侧枝，促主蔓粗壮，叶片肥大，萌发新枝，为开花结果积累养分。藤蔓要分布均匀，避免相互缠绕遮阴，旺盛生长期如侧枝过密，要及时摘除下部黄（老、病）叶，适当摘除一些弱小侧枝。

（3）人工授粉。苦瓜早期棚内气温低，空气流动小，少有昆虫传粉，自然授粉困难，因此要人工辅助授粉。每天上午雌雄花开放后，摘取新开的雄花，去掉花瓣，将雄花花蕊上的花粉轻轻均匀地涂抹在雌花柱头上，1朵雄花授2～3朵雌花。

⑥ 病虫害防治

（1）主要病虫害。苦瓜的主要病害有霜霉病、角斑病、炭疽病、白粉病、蔓枯病、病毒病，虫害主要有蚜虫和瓜实蝇等。除实行轮作、培育壮苗等综合防治措施外，还必须进行药剂防治。

白粉病

（2）防治方法。霜霉病发病初期可用甲霜·锰锌、烯酰吗啉等防治；角斑病可用噻森铜、噻菌铜等防治；炭疽病可用咪鲜胺、嘧菌酯等防治；白粉病可用氟菌唑、四氟醚唑等防治；蔓枯病可用苯甲·嘧菌酯、氟菌·肟菌酯等防治；病毒病可用氨基寡糖素、吗呱乙酸酮等防治。一般每5～7天喷一次，连喷2～3次。蚜虫可用呋虫胺、氟啶虫胺腈等防治，注意重点喷在叶背面和嫩（枝）头。瓜实蝇在成虫发生期，应用瓜实蝇性诱剂对成虫进行诱杀，抑制其下一代虫口基数；还可用溴氰虫酰胺、甲维盐等防治，在成虫发生较多时的上午10时前后或下午4时前后喷药杀成虫，效果较好。

苦瓜采收

⑦ 采收

苦瓜以中度成熟为好，一般在开花后15～18天，当瓜皮呈翠绿色、圆瘤饱满时即可采收。过早采收影响产量，过迟采收食用口感差，品质下降。

◎ **第四节　黄瓜**

黄瓜（*Cucumis sativus* Linn）是葫芦科甜瓜属一年生蔓性草本植物，由西汉时期张骞出使西域带回中原，也称胡瓜、青瓜。黄瓜果实清香脆嫩，生熟食皆宜，且可腌渍、酱渍，营养价值高兼具清热、利尿、解毒的药用价值，因而深受广大百姓喜爱。目前全国各地均有种植，本地栽培历史悠久，大棚栽培极为普遍，是重要的蔬菜消费品种之一。

金东区上荷塘寨春设施蔬菜基地

一、生物学特性

黄瓜根系浅，根群主要分布在20厘米耕层土壤内，根入土浅而细弱，吸收能力弱，宜选择富含有机质的肥沃土壤。pH 5.5～7.2均能生长，以pH 6.5最适。黄瓜系无限生长型作物，分枝能力弱，茎、枝有棱沟，表皮有刺毛，茎上每节着生一片叶、卷须、分枝与雌雄花等；叶柄稍粗糙，有糙硬毛，叶大且薄，蒸腾能力强，对水肥土要求严格；雌雄同株异花，腋生花簇，雌花单生或稀簇生；喜温暖，不耐寒，生育适温为15～30℃。黄瓜果实为假果，常见的有长短棒形，种子扁平，黄白色（乳白色或黄色），千粒重20～40克，种子发芽年限4～5年。

二、栽培技术

① 栽培时间

早熟栽培，1月中旬至2月中旬播种，2月下旬至3月中旬定植，4月上旬至6月中下旬采收。秋季栽培8月直播，9月下旬至12月中旬采收。

② 品种选择

选择抗病性强、优质、高产、商品性好、适合市场需求的品种。早熟栽培应选择耐寒性好、果实发育速度快、开花至采收时间短、对病害多抗的品种，如津优30、津优1号等；秋季栽培选择高抗病毒病、耐热的品种，如津优1号、津优48号、津丰等。

③ 育苗

（1）苗床准备。夏季苗床要求遮阳避雨，冬春季育苗都要在避风向阳的大棚内进行。大棚内苗床面要搂平，地面覆盖一层旧薄膜或地膜，在地膜上摆放穴盘。

（2）种子处理。为了防止出苗不整齐，通常要先对种子进行预处理，即精选、温汤浸种、药剂浸（拌）种、搓洗、催芽等，再播种。

（3）穴盘育苗。首先进行育苗穴盘消毒。然后将基质拌匀，调节含水量至55%～60%，随后将基质装到32孔或50孔的穴盘中，尽量保持原有物理性状，用刮板将穴盘上多余基质刮去，保持盘面平整，且各个格室清晰可见。用相同的空穴盘垂直放在装满基质的穴盘上，两手平放在空穴盘上轻轻下压，保证播种深浅一致、出苗整齐。穴盘摆好后，将种子点在压好穴的盘中，在每穴中心点放1粒，放平种子，同时多播几盘备用。播种后覆盖原基质，用刮板将盘面刮平，并用带细孔喷头的喷雾器喷透水（忌大水洗灌，以免种子冲出穴盘），然后盖遮阳网，其上覆地膜，利于保水、出苗整齐。

（4）温度和湿度管理。种子发芽期温度保持在10～25℃为宜，相对湿度80%左右。当种子露头时，及时揭去遮阳网、地膜。种子发芽后下胚轴开始伸

穴盘基质育苗

长，顶芽突破基质，上胚轴伸长，2片子叶展开，根系、茎干及子叶开始进入发育状态。幼苗子叶展开后须严格控制温度、湿度等，注意棚内通风透光。夜间在许可的温度范围内尽量降温，加大昼夜温差，以利壮苗。

（5）肥水调节。幼苗真叶生长发育阶段的管理重点是水分，应避免基质忽干忽湿。浇水掌握"干湿交替"原则，即一次浇透，待基质转干时再浇第2次水。浇水一般选在正午前，下午4时后若幼苗无萎蔫现象则不必浇水，以降低夜间湿度，减缓茎节伸长。注意阴雨天日照不足且湿度高时不宜浇水；处于穴盘边缘的幼苗容易失水，必要时应进行人工补水。在整个育苗过程中无须追肥。此外，定植前要限制给水，以幼苗不发生萎蔫、不影响正常发育为宜；适当降低棚温炼苗，降低3～5℃，保持4～5天，以增强幼苗抗逆性，提高定植后成活率。

（6）培育壮苗。春早熟栽培采用穴盘育苗的，真叶2～3片，苗龄25～30天；采用营养钵育苗的，真叶4～5片，苗龄40天左右。秋季栽培育苗，以直播为主，培育生长健壮、子叶健全、叶片大且厚、叶色浓绿、茎粗节短、根系发达、无病虫害的幼苗。

④ **定植**

（1）整地施基肥。根据土壤肥力和目标产量确定施肥总量。基肥以优质农家肥为主，每亩施腐熟鸡粪1000千克或商品有机肥1500～2000千克、复合肥50千克，深耕做畦（连沟）1.45米，沟深20～25厘米。

（2）定植方法及密度。根据品种特性、气候条件及栽培习惯确定定植方法和密度，一般竹架栽培行距65～70厘米，株距25～30厘米，每亩定植2500～2800株。春早熟栽培长势较强，生长期较长，宜稀植；秋季栽培长势弱，可密植。

双行定植

⑤ 温度和湿度管理

黄瓜是喜温作物，白天要尽可能延长光照时间，棚膜宜日揭夜盖，温度控制在20～30℃之间。夜温保持在10～20℃，有利于养分的输送和瓜条生长。

⑥ 肥水管理

采用膜下滴灌或沟灌。黄瓜需水量大，但对土壤湿度敏感，土壤不宜过湿，否则易受涝沤根，植株感病。除定植后需浇水促返青外，坐果前应适当控制水分，促进根系生长和花芽分化，坐果期保持土壤相对湿度在70%～80%。灌水后需及时通风，以降低棚内空气湿度。

黄瓜的施肥以基肥为主，追肥为辅，基肥约占总施肥量的2/3。根系对土壤溶液浓度反应敏感，追肥浓度高，易引起伤害和高盐胁迫。根据黄瓜长势和生育期长短，按照平衡施肥要求施肥，适时追施氮肥和钾肥。生长期间的追肥宜分次薄施，着重在开花结果期施用，可在开花以后，每隔10～15天，每亩施用复合肥10～15千克，采用滴灌或流灌施肥。同时，根据植株生长情况，结合防病有针对性地喷施微量元素防早衰。

⑦ 植株调整

（1）吊蔓或插架绑蔓。一般瓜蔓每生长25～30厘米时，应及时吊蔓或在竹架上绑蔓。

绑蔓

吊蔓

（2）摘芯、打老叶。除去主蔓60～70厘米以下的所有侧蔓，以主蔓结瓜为主，主蔓25～30片真叶以后打顶，侧蔓雌花上留1～2叶后摘芯，以增加回头瓜产量。中后期根据生长情况摘除基部病（黄、老）叶等，改善生长环境。

竹架引蔓

⑧ **病虫害防治**

（1）主要病虫害。苗期主要病虫害为猝倒病、立枯病、蚜虫等。生长期主要病虫害为霜霉病、细菌性角斑病、白粉病、疫病、枯萎病、炭疽病、黑星病、灰霉病、蚜虫、瓜螟、烟粉虱、斑潜蝇等。

（2）防治方法。按照"预防为主、综合防治"的植保方针，坚持以"农业防治、物理防治、生物防治为主，化学防治为辅"的无害化治理原则。

针对当地主要病虫控制对象，选用高抗多抗的品种。清洁田园，创造适宜的生产环境，提高抗逆性。与非瓜类作物轮作三年以上。采用科学施肥、嫁接、土壤消毒等农业防治方法，以及防虫网、黄板、杀虫灯诱杀等物理防治方法。具体可选用药剂如下：霜霉病、疫病可用烯酰吗啉、霜脲·锰锌、精甲霜·锰锌等防治；角斑病可用氢氧化铜、农用链霉素等防治；白粉病可用矿物油、粉唑醇、氟菌唑等防治；炭疽病用咪鲜胺、嘧菌酯等防治；蚜虫、烟粉虱、斑潜蝇可用呋虫胺、溴氰虫酰胺、阿维菌素等防治；瓜螟可用茚虫威、阿维菌素等防治。

⑨ **采收**

黄瓜必须适时采收嫩果，特别是根瓜要适时提早采收，一般开花后8～10天即可采收。采收标准是瓜条大小适宜，粗细匀称，花冠尚存带刺，宜勤采收。亩产量一般为5000～6000千克。

采收商品瓜

◎ **第五节 辣椒**

辣椒（*Capsicum annuum*）为茄科辣椒属一年生植物，原产于中南美洲热带地区，明代时传入我国，是人们喜食蔬菜之一，在我国各地栽培较为普遍，南北方均有种植，特别是四川、湖南等地露地广泛种植。辣椒品种繁多，按形状分有扁柿形、牛角形、羊角形、线形、灯笼形和圆锥形等；按口感分有辣的、微辣的和不辣的，辣的不仅可以鲜食，也可干制、盐渍，一般用作烹饪作料和配料，微辣的和不辣的一般作为蔬菜鲜食。大棚多层覆盖进行辣椒早熟栽培或秋延后栽培，不仅延长了辣椒上市供应期，而且提高了生产效益。

金东区上荷塘寨春设施蔬菜基地

一、生物学特性

辣椒根系不发达，入土浅，根量少，主根入土40～50厘米，主要分布在20～30厘米土层内。辣椒是双子叶植物，双子叶间生出的叶为真叶，单叶互生，为卵圆形或长卵圆形，叶端尖，叶面光滑。茎直立，基部木质化，较坚韧。腋芽萌发力弱，株冠一般较小，适宜密植。主茎长到8～10片叶或以上时，茎端出现花芽。辣椒自花授粉，花为两性花，白色，顶生，一般为单生，也有簇生。辣椒果实为浆果，果实在成熟过程中，叶绿素含量迅速下降，果实成熟时，有明显色素变化，有红的、黄的、紫的等。种子扁平状，肾脏形，浅黄色，千粒重4.5～7.5克。辣椒对温度的适应性比较强，能耐较高及较低温度；较耐弱光，中等光照强度有利于辣椒开花结果；对水分要求严格，既不耐旱也不耐涝，空气相对湿度以60%～80%为宜。

二、品种选择

蔬菜消费习惯具有一定的地域性，宜选择适合市场消费需求、抗病性强、抗逆性强、适应性广、产量高、品质优、商品性佳的优良品种。不同的栽培季节选用不同的品种。大棚春早熟栽培宜选较耐寒、对低温适应性较强、坐果节位低、早熟丰产的辣椒品种。大棚秋延后栽培要选用苗期抗热性、抗病性、耐涝性及后期耐寒性均较强的品种。

三、主要栽培技术

1 栽培季节

早熟栽培，采用50孔穴盘基质育苗，一般在10月中下旬播种，苗龄45～50天，11月中下旬定植，翌年3月上中旬至7月上旬采收。秋延后栽培，一般在8月中下旬播种，苗龄25～30天，9月上中旬定植，国庆节期间开始采收上市，翌年5月上中旬采收结束。

2 播种育苗

（1）浸种催芽。消毒过的种子用30℃温水浸泡5～6小时，用清水淘洗，除去附在种皮上的黏液，用湿纱布包好，在保持30℃左右的温度下催芽。催芽期间，每天要用30℃左右的温水淘洗一次，促进种子整齐而迅速的发芽。经过4～5天，80%左右的种子露白即可播种。

穴盘育苗　　　　　　　　　　　　营养钵育苗

（2）穴盘和营养钵的准备。选择避风向阳的大棚进行育苗，大棚内苗床面要搂平，地面覆盖一层旧薄膜或地膜，在地膜上摆放穴盘。辣椒宜选用50孔穴盘，并选用育苗专用基质，按育苗程序及要求将基质装盘，尽量保持原有物理性状，各个格室清晰可见。也可采用营养钵育苗。

③ 苗期管理

幼苗出土前，保持苗床土面温度25～28℃，齐苗后温度可降至20～25℃。幼苗出现2～3片真叶时，白天温度保持在23～28℃，夜间可降至15～18℃。保持基质见干见湿，要控制浇水，防止徒长。苗期防治蚜虫2～3次，药剂可选用苦参碱、吡虫啉等；预防病害3～4次，药剂可选用代森锰锌、百菌清、甲霜·噁霉灵等。定植前10天，开始逐渐加大放风量炼苗。秋延后栽培育苗期仍处于高温强光下，要注意遮阴防雨。

④ 定植

（1）定植前准备。辣椒忌连作，要选择前茬是叶菜类的大棚。定植前15～30天深翻晒白，施好基肥，整地做畦，畦宽1.3米或1.5米（连沟）。每亩施入腐熟有机肥2500～3500千克、高钾复合肥50千克；一般采用沟施法，即在畦中间挖一深沟，将基肥均匀施入，然后整平畦面。早熟栽培在定植前7～10天扣好塑料大棚和小拱棚闷棚，以提高土壤温度。大棚秋延后栽培，最好大棚覆盖顶膜。

（2）适时定植。大棚早熟栽培，一般苗龄45～50天，苗高20～23厘米，不超过25厘米，具有12～13片真叶，茎粗0.6厘米，带蕾（但未开花）定植。大棚秋延后栽培，宜小苗移栽，伤根轻，易成活，苗龄为25～30天定植。早熟栽培可适当稀植，秋延后栽培，因辣椒植株较矮，开展度较小，可适当密植。双行定

双行定植开花结果期

植，株距35～40厘米，亩植2500～2800株。

⑤ **田间管理**

（1）大棚温度和湿度管理。辣椒定植后10天内以保温管理为主，密闭保温，棚温控制在30～35℃。活棵后，通风换气降低棚内温度，棚内温度达30℃时通风，26℃时关闭风口。白天保持25～30℃，夜晚17～20℃，地温15℃以上，空气相对湿度60%左右，土壤相对湿度80%左右。随气温下降，减少通风量，以利辣椒的开花和果实膨大。当夜间棚温低于10℃时，棚内可加盖小拱棚保温。如遇寒潮袭击，夜间大棚内加中棚和小拱棚，还可在小拱棚上加盖草帘防寒保温，防止冻害。生长后期随着气温的升高，当外界最低温度超过15℃时，可揭大棚两边薄膜昼夜通风。

（2）肥水管理。缓苗后至始果期前要求稳定生长，促控结合，控制水肥，进行蹲苗，促发根、坐果，控徒长。采收后，为促使多结果，要加强肥水管理，在施足底肥的情况下以浇水为主。门椒坐住后进行第一次追肥，对椒坐住后，再追肥一次，每次亩施复合肥10千克。辣椒采收盛期，可每采收一次果实追一次肥并浇水，追肥量为每亩复合肥15千克。辣椒根系浅，需保持土壤见干见湿，不能漫灌，防止棚内湿度过大而引发病害。

（3）植株调整。辣椒结果后将长势弱的副枝和植株下部的老、病叶摘除，以利通风透光降温，有效预防病害。果实长到1厘米时，可根据长势，留4～6叶摘芯，摘除中后期徒长枝，生长势弱的植株第一、二层花蕾也要及时摘掉，以集中养分供给果实生长，促进提早上市。植株生长中后

植株管理

单行定植开花结果期

期，随时剪去多余枝条或已结过果的枝条，并疏去病叶（果），集中养分，促进果实膨大。

（4）防止落花落果。植株营养不良、不利气候条件和病虫为害等易造成大棚辣椒落花落果现象。应从科学栽培管理着手，合理密植，科学施肥，加强温度和湿度管理，提高植株的抗逆能力，注意病虫害防治，采用番茄灵、萘乙酸等喷花防止落花落果。

⑥ 病虫害防治

（1）主要病虫害。病害主要有细菌性的疮痂病和软腐病，真菌性的疫病、炭疽病和灰霉病，病毒性的烟草花叶病毒病和黄瓜花叶病毒病。主要虫害有蚜虫、烟粉虱、棉铃虫、烟青虫、红蜘蛛等。

（2）防治方法。①选用抗病品种，进行种子消毒；合理轮作，加强管理；合理密植，提高抗病性。②利用银灰色地膜、黄板、防虫网等，减少病虫发生。③采用药剂防治。细菌性病害疮痂病和软腐病，发病前或初期可选用农用链霉素或波尔多液、新植霉素等防治；炭疽病可选用苯醚甲环唑、咪鲜胺、嘧菌酯等防治。疫病在定植前用精甲霜·锰锌或甲霜灵灌根，发现病株及时选用精甲霜·锰锌、霜脲·锰锌等防治。灰霉病初见病后及时摘除病叶，选用异菌脲、腐霉利等防治。病毒病发病前或初期可选用宁南霉素、吗呱乙酸铜等药剂＋叶面肥防治。红蜘蛛可选用阿维菌素、联苯肼脂等药剂交替使用。烟青虫、棉铃虫3龄以上的幼虫抗药性强，应在初幼龄虫蛀果前及时用药防治，可用阿维菌素、茚虫威等药剂交替使用。

⑦ 适时采收

辣椒的采收不仅仅是果实收获，也是一项有效的增产措施。利用不同的采收时期，可以调节植株的生长发育。生长瘦弱的植株，可提早采收嫩果，生长旺盛甚至有徒长趋势的植株，可延迟采收，控制茎叶生长。采收高峰期可1～2天采收1次。

◎ 第六节 芹菜

芹菜（*Apium graveolens*）属伞形花科的二年生蔬菜，原产地中海沿岸、瑞典、埃及等沼泽地区。我国南北方均有种植。芹菜适应性广，易栽培；营养丰富，含有蛋白质、大量的维生素、矿物质及人体不可缺少的膳食纤维，有降压利尿、增进食欲和健胃等药理作用。随着人们健康意识的增强，芹菜作为健康蔬菜，消费需求量越来越大。

曹宅前王畈蔬菜基地大棚芹菜栽培

一、生物学特征

芹菜的根系分布在浅土层内。叶是二回羽状复叶；叶柄肥大，有空心和实心之分，有深绿色、黄绿色和白色等，是主要食用部分。芹菜含挥发性芹菜油，具特殊的香味。春季抽薹开花，花小，黄白色，虫媒花，通常为异花授粉，自交也能结实。种子褐色，细小，约2500粒/克。

芹菜要求冷凉湿润的环境条件，发芽、生长适温为15～20℃，种子在4℃开始发芽，高温影响发芽与生长。芹菜根系分布浅，吸水肥能力弱，对肥水要求高，栽培土壤

芹菜开花

要求保水保肥力强，富含有机质。水分与养分直接影响芹菜品质，配施氮磷钾肥，生长初期、后期不能缺氮，且后期不能缺钾。

二、品种选择

本地芹菜主要栽培品种为金于夏芹、黄心芹、本地土芹等。

三、栽培方式

春夏季、夏秋季芹菜采用大棚膜或遮阳网覆盖，密植软化栽培。越冬芹菜采用大棚膜保温栽培。

四、栽培技术

金于夏芹

遮阳网覆盖

❶ 夏秋季栽培

芹菜在此季节主要采用了双层遮阳网覆盖、密植软化栽培等措施，弥补蔬菜淡季之缺，达到优质、高产、高效的目的。

（1）培育壮苗。

1）播种期与播种量。6月底、7月初播种，秧龄35～40天，8月上旬定植，国庆节前后采收。每亩用种量350克。

2）苗床准备。选土壤肥沃、地势较高、排水便利的地块，充分利用空闲大棚育苗。每平方米施腐熟有机肥2千克，在播种前15天深翻，晒白，然后耙碎平整，做成畦宽1.5米（连沟）。进行苗床土消毒，用99%噁霉灵3000倍液在播种前或播种后均匀喷洒于苗床上；也可制药土，将1克70%噁霉灵可湿性粉剂兑过筛细土15～20千克，或用根腐灵拌50千克营养土撒在苗床上防病。每亩大田需120米²左右苗床。也可采用穴盘育苗。

3）播种。芹菜可浸种催芽也可直播，但撒播时要均匀。播种前将苗床土浇透水，水渗后于傍晚播种时将种子掺入少量细沙或细园土，均匀撒施

育苗

移苗

在畦面上,播后覆盖0.5~1.0厘米的细土。最后在畦面上盖遮阳网,达遮阳保温防雨的作用,以确保顺利出苗。

4)苗期管理。芹菜出苗后,及时揭除畦面上的遮阳网,大棚两头要通风,注意保持温度,白天20℃左右,当温度超过25℃时,揭裙膜通风,夜温不低于15℃。芹菜喜湿,整个苗期土壤应保持湿润,如遇天旱要小水勤浇,用喷雾器喷水,孔径要细,保持土壤湿润。苗期一般不追肥。由于芹菜在夏季极易死苗,因此需在幼苗1~2叶期间苗1次,以保证秧苗健壮生长。

(2)土壤消毒。多茬蔬菜种植,芹菜易发根结线虫病,因此本季种植尤需土壤消毒:可用石灰氮淹水覆膜高温处理土壤,在前茬作物采收结束清洁田园后,施足有机肥,每亩均匀撒施40千克石灰氮于土表,深耕翻土30~40厘米,让石灰氮与土壤充分接触;然后将大棚用塑料薄膜密封或用薄膜覆严地面,往田间灌水,直至土表湿透为止,密闭大棚20~30天,揭膜晾晒,土壤干燥后,翻耕做畦,散出有毒物质,10~14天后方可播种或定植作物。也可采用高温闷棚土壤消毒,在夏季选择连续晴天,在棚内灌上20厘米浅水层,然后将整个大棚覆严薄膜,棚内表土层再覆上黑膜,闷棚10~15天,棚内温度可达50~60℃,利用高温条件直接杀死土壤病原菌和害虫。

（3）定植。定植前15天，每亩施腐熟鸡粪1500～2000千克、优质复合肥50千克，机耕后做成畦宽1.6～1.8米，定植时亩施钙镁磷肥30千克。定植前育苗畦上浇透水，以便于提苗。选择阴雨天或晴天的傍晚在遮阳棚内定植，栽苗时，大小苗分开定植，随起随栽，栽植宜浅，不要埋住心叶。定植成活前，不揭遮阳网，晴天应在遮阳网上再盖一层稻草。通过密植和覆盖遮阳网达到软化栽培的目的，定植

定植

密度20厘米×20厘米，每穴8～10株。定植后立即浇水，2～3天后再浇一次，促进缓苗。

（4）田间管理。夏季气温高、光照强，夏秋季芹菜定植后，利用夏季闲置的大拱棚，在棚膜上盖一层遮阳网，达避雨降温目的，同时有利于生长，减少纤维，品质柔嫩。棚内温度高，需揭去大棚两头棚膜，两侧棚膜卷高1米左右，以利通风降温，早上9时前、下午4时后可揭去遮阳网。定植后保持土壤湿润，高温季节要勤浇小水，以利降温保湿，晴天上午8～9时浇足水，傍晚少量浇水。缓苗后茎叶生长加快，应及时追肥，在株高20～25厘米时，每亩追施复合肥30～50千克，结合防病根据长势喷施磷酸二氢钾或氨基酸等叶面肥，以提高产量和品质。

（5）病虫害的防治。该季主要防治软腐病、早疫病、根结线虫病以及斜纹夜蛾。软腐病可用农用链霉素、噻菌铜预防；早疫病可用异菌脲、腐霉利预防；根结线虫病可用阿维菌素浇根防

性诱剂杀虫

治。斜纹夜蛾可用茚虫威防治，也可选用性诱剂防治。

（6）采收。一般在9月底～10月初（即国庆节前后）采收。前期效益高，可适当提早采收；适当延迟采收可提高产量。一般定植后40天开始采收，亩产量2500～3000千克。

❷ 春夏季栽培

（1）播种期与播种量。一般3月上中旬至4月上旬播种，4月定植，5月上中旬至6月采收。每亩用种量300克，一般采用金于夏芹品种。可用干籽播种。定植密度20厘米×25厘米。

（2）田间管理。栽培措施与夏秋季栽培基本相同。中到大雨前需及时盖上塑料薄膜，减少大中棚内

避雨遮阴保温栽培

的湿度，防止芹菜早疫病等病害的发生。定植成活后，一般追肥1次，将25～35千克复合肥撒施入芹菜间隙。

（3）病虫害防治。芹菜虫害主要有蚜虫、潜叶蝇等，可用呋虫胺加灭蝇胺、苦参碱等防治。主要病害有斑枯病、叶斑病、菌核病、早疫病。斑枯病可用苯醚甲环唑叶面喷施；叶斑病可用代森锰锌、氢氧化铜等预防；菌核病、早疫病可用异菌脲、腐霉利等防治。

（4）采收。春夏季芹菜到5月上中旬即可采收，7月以后，高温干旱，光照太强，叶柄容易老化，品质变差，要及时采收。一般定植后40～50天一次性采收，亩产量可达2500～3000千克。

❸ 越冬栽培

（1）播种期与播种量。9月上中旬播种，10月中旬定植，12月底至翌年1月初可采收。每亩用种量300克。苗龄35天定植。定植密度20厘米×25厘米。

（2）田间管理。栽培措施与夏秋季栽培基本相同。在阴雨天或晴天的傍晚定植。需追肥2次，定植后15天追施高氮高钾复合肥30千克，芹菜株高25厘米左右时，施入高氮高钾复合肥30千克。9～10月温度较高，天气晴朗，气温适宜芹菜的生长，该期水分管理很重要，一般每天中午浇水一次，高燥田块则早晚各浇一次水。越冬芹菜栽培前期管理与夏秋季栽培基本相似，到11月中下旬后，气温下降，不利芹菜的生长，要及时扣膜保温。扣膜初期，若天气较好，应全面通风，使白天温度保持在15～20℃，夜间8～10℃，避免棚内温度偏高，引起芹菜徒长。随着气温下降，要逐渐封严薄膜，棚内白天温度不低于7～10℃，夜间不低于2℃，最低棚温不低于−3℃，以防发生冻害。

保温栽培

连栋大棚保温栽培

（3）病虫害防治。本季节主要发生蚜虫和叶斑病，需及时防治。防治方法同前。

（4）采收。1～2月气温低，适当迟收一般不会影响芹菜品质，可根据市场需求、价格高低及植株的生长情况而定。一般定植后45天开始采收，亩产量4000千克左右。

◎ **第七节　莴苣**

莴苣（*Lactuca sativa*）是菊科莴苣属一、二年生草本植物，根据食用部分可分为茎用莴苣和叶用莴苣。茎用莴苣也叫莴笋，以食用其肉质茎为主。

莴苣中无机盐、维生素含量较高，尤其是烟酸含量丰富。莴苣可改善糖的代谢功能，防治缺铁性贫血，有利于调节体内水盐平衡，具有利尿、降低血压、预防心律失常的作用。但不宜多食，易导致夜盲症或诱发其他眼疾。

大棚莴苣栽培有秋冬与冬春栽培方式，栽培技术基本相似。

金东区江东蔬菜展示中心

一、生物学特性

莴苣叶有披针形、椭圆形、长卵圆形等，成熟后，叶面平展或皱缩，叶缘波状或浅裂。株高一般在40～50厘米之间，茎呈圆柱形，体内有白色乳状汁液。莴苣为直根系植物，无主干根，根系较浅而密集，移栽后的植株，根系主要分布在地表20～30厘米的土层中。莴苣属高温感应型蔬菜，在高温条件下抽薹开花，开圆锥形头状花序，花黄色；子房单室，成熟时附有冠毛，

莴苣设施栽培

可随风飞散；种子瘦小，呈长圆形，多数为黑褐色。

二、栽培技术

❶ 栽培季节

（1）秋冬栽培。9月中旬播种，10月上中旬假植，10月下旬定植，翌年1月中下旬采收；或者9月下旬播种，10月中下旬假植，11月上中旬定植，翌年2月下旬至3月上旬采收。

（2）冬春栽培。10月中旬播种，翌年1月中旬定植，3月下旬至4月上旬采收。

❷ 品种选择

宜选择拔节密、茎秆粗壮、茎不开裂、香味足、脆嫩、肉质绿色的耐寒品种，如金农香笋王、金铭一号、永安大绿洲莴苣等。

❸ 育苗

低温催芽。育苗采用保护地加遮阳网，有利于降温、防暴雨、避强光。播种后畦面覆盖双层遮阳网，浇透水后，在遮阳网上覆薄膜，保湿降温，保持床土湿润。2～3天出苗后揭去薄膜、双层遮阳网，搭小拱棚，覆盖遮阳网，3～4天后早、晚覆盖遮阳网，之后上午9时至下午4时要采用单层遮阳网覆盖（阴雨天不

育苗移栽

盖），防止缺光徒长，7～8天后揭去遮阳网。当秧苗到二叶一芯期进行移栽假植，其上覆盖遮阳网，一周后揭去遮阳网。当苗长至4～5片真叶时，即可带小土块定植。如遇大到暴雨则加盖棚膜避雨。

❹ **整地施肥**

定植前要选地势平坦、土壤肥沃、保水保肥力强的田块，结合耕翻，每亩施商品有机肥2500千克、缓释肥60千克作底肥，做成连沟1.6米、沟深25厘米的深沟高畦。

整地并施入底肥

❺ **定植**

秋冬莴苣的秧龄为30天左右，秧龄太长易造成茎基部老化，影响茎部粗大。定植密度35厘米×25厘米，亩植5500株左右。选阴天或上午9时前或下午4时后带土定植，以利秧苗成活，定植后及时浇定根水，常保持土壤湿润。

定植

❻ **田间管理**

莴苣灌水施肥

（1）肥水管理。定植一周内，喷灌或漫灌水1～2次，保持土壤湿润，以利茎叶生长，浇水时间宜在下午4时后，发现杂草及时拔除。进入开盘期，茎开始膨大，需猛施开盘肥，每亩穴施复合肥30千克。

（2）温度管理。11月上中旬，夜间温度偏低，植株生长缓慢，应抓紧扣棚覆膜。大棚莴苣

旺盛生长期

栽培应注意通风，覆盖前期温度不宜过高，否则易导致植株徒长。白天温度不超过25℃，夜间不低于10℃，结球最适温度为17~18℃。在温度适宜的情况下，大棚应尽量加大通风，及时通风散湿，预防病害发生。后期低温，要防止植株受冻，气温在0℃时需封闭全棚，一2℃左右时需双层膜覆盖栽培。

⑦ **采收**

当莴苣主茎顶端和最高叶片的叶尖相平时即可采收。此时嫩茎长足，质地脆嫩，品质好。莴苣因故未及时采收长花薹，可摘去其生长点与花蕾，以抑制顶部生长，促进嫩茎肥大，达到优质上市的目的。亩产量可达4000千克以上。

⑧ **病虫害防治**

为害莴苣的主要病害有菌核病、霜霉病、灰霉病、疫病，主要虫害有蚜虫、蓟马、地老虎等，要注意防治。

（1）菌核病。该病为真菌性非卵菌病害。植株感病后，首先是近地面的叶柄呈米黄色腐烂，叶枯萎，接着整株腐烂。叶背面生有白色的霉，同时有鼠粪状黑色的菌核。可用异菌脲、啶酰菌胺等喷雾防治，一般每7~10天喷1次，连续3~4次。

（2）霜霉病。幼苗、成株均可发病，病叶由下部向上蔓延，

喷药防病

菌核病

霜霉病

灰霉病

初为淡黄色近圆形或多角形病斑，潮湿时病斑长出白霉。可用霜脲·锰锌、烯酰吗啉、甲霜灵·锰锌等喷雾防治，一般每7～10天喷1次，连续2～3次。

（3）灰霉病。多发生在冬季到早春的小棚和大棚栽培。露地栽培的在梅雨期间发病多。近地面的叶和叶柄开始软化、褐腐，产生灰色的霉层。下部的叶遇到低温后容易感病。除去枯萎的病叶可减少发病。此外，应用地膜覆盖栽培也可抑制病害的发生。在结球前应对下部叶充分喷施药液以防治病害。

药剂防治可选用腐霉利、啶酰菌胺等喷雾防治，一般每7～10天喷1次，连续2～3次。

（4）蚜虫。可用呋虫胺、矿物油等喷雾防治，一般每7～10天喷1次，连续2～3次。

◎ 第八节 瓠瓜

瓠瓜（*Lagenaria siceraria* var. *hispida*），为葫芦科葫芦属一年生蔓性草本。瓠瓜幼果味清淡，品质柔嫩，食用部分为嫩果，可炒食或煨汤。瓠瓜含有蛋白质、丰富的胡萝卜素及多种微量元素，有防癌抗癌、增强免疫力的作用。瓠瓜在南方栽培普遍，近年来消费量增加，北方也开始引种栽培。

金东区金刚屯畈城郊蔬菜基地

一、生物学特性

瓠瓜原产印度和非洲，不耐低温，种子在15℃开始发芽，30～35℃发芽最快，生长和结果最适温度为20～25℃。瓠瓜根系发达，对土壤要求不严，对养料和光照要求较高，但不耐渍。叶呈心脏形，表面着生茸毛。雌雄异花同株，单花腋生，偶有两性花，雌雄花大都在夜间及早晚光照弱的时间开放。为了增加结果率，可在早晚开花时进行人工授粉。瓠果有圆柱形、圆形或有束腰等形状，嫩果绿色或淡绿色，果肉白色，老熟后果肉变干、外皮坚硬、茸毛消失。单瓜重0.5～2.5千克。

二、栽培季节

瓠瓜常规栽培一般于惊蛰前后即3月上旬播种。大棚栽培春秋两季均可种植，春季大棚早熟栽培，12月上旬至翌年1月中旬播种，2月上中旬至3月中旬定植，4月下旬采收；秋季栽培7月上旬至8月上旬播种，8月定植，9月上中旬采收。

三、品种选择

宜选择高产、优质、抗病、适宜市场消费习惯的品种。春季大棚栽培应选择耐低温、高产、早熟性和商品性好的品种，如越蒲2号、浙蒲6号、致富、领秀、早春二号等；秋季栽培宜选择耐热的品种，如浙蒲8号、油青、油绿、翠玉、早生、玉秀等。

四、主要栽培技术

❶ 培育壮苗

采用基质穴盘或营养钵育苗，春季大棚覆膜，利用电热丝加温，苗龄50～60天；秋季应采用遮阳网覆盖，苗龄20～25天；也可直播。播种前应做好种子浸种催芽、消毒工作。温汤浸种，用55℃左右的温水浸泡种子15分钟，不断搅拌，至水温降到30℃左右为止，再在室温下浸种，洗净放在28℃的条件下催芽，大部分种子露白后播种。苗期做好温度和水分控制，防止幼苗徒长。

穴盘育苗

❷ 整地定植

选择富含有机质、肥沃、保水保肥能力强、排灌方便的田块。在前茬蔬菜收获后，深翻土壤，结合整地做畦，每亩施入有机肥3000千克、高钾复合肥50千克，畦宽连沟1.5米。秋栽若前茬是番茄，在番茄败蓬后，应及时清园，销毁枯枝残叶，以减少残留在田间的病源，确保后作安全。保留番茄竹架，不翻耕，利用番茄畦直接套种定植瓠瓜。幼苗3片真叶时即可定植，每畦栽2行，株距为50～60厘米，每亩定植1200～1500株。秋季移栽在晴天傍晚或阴天进行，防止高温败苗，移栽后及时浇活棵水。

❸ 幼苗处理

春季定植后要注意覆盖保温，防止冻害发生，随着气温的升高，注意通风；秋季定植后要注意遮阴，注重降温控湿，移栽活棵后及时揭去裙膜，以利通风降温，调节瓠瓜的生理生长，促进雌花形成。瓠瓜雌花形成温度一般在25～30℃，低于20℃或高于35℃时雌花较少，可采用乙烯利进行处理。在瓠瓜主蔓长出4～5片真叶时，叶面喷施乙烯利，可促进前期早生雌花，提早结瓜，提高前期产量；傍晚喷施为佳，喷施时注意控制浓度和水分，防止出现抑制生长或雌花过多现象，保留15%～20%的幼苗不喷乙烯利，任其自然开雄花，以供人工授粉。

❹ 整枝授粉

大棚瓠瓜通常采用搭人字架栽培，蔓长20～30厘米后引蔓上架，瓠瓜生长快，适时整枝理蔓，调节叶面积指数，可提高光合作用，达到丰产丰收。中后期要及时摘除下层黄、病叶，适当疏除基部细弱侧枝和过多的雌花，每株同时挂3～4个果为宜，以利通风透光。把摘除的叶片、侧枝及时带出棚外销毁，减少病虫为害。瓠瓜大棚栽培，应进行人工辅助授粉，授粉时间为下午5时以后或清晨8时以前，摘取当天开放的新鲜雄花，去掉花冠，将花粉均匀涂抹在雌花柱头上。

整枝

❺ 肥水管理

瓠瓜生长势较其他瓜类弱，生长期短，结果集中，生长前期要多次追肥，追肥应根据植株生长势而定，若植株生长旺盛，可减少追肥次数。在定植成活后，施

人工授粉

提苗肥一次，摘芯后施分蔓肥一次，果实迅速生长期施膨果肥一次，以后视长势每采收2～3批果后追一次肥。每次亩施复合肥10千克，并结合防病追施叶面肥，补充养分，增强抗性。同时注意防渍排涝，遇到旱季灌水防旱。

⑥ 病虫害防治

瓠瓜主要病害有病毒病、白粉病、霜霉病、细菌性角斑病、蔓枯病等；主要虫害有蚜虫和白粉虱等。病虫害防治要以预防为主，采用农业防治与高效低毒低残留农药综合防治相结合。

瓠瓜病毒病

⑦ 及时采收

瓠瓜的适时采收是促进早熟、高产的重要措施。30～40厘米长、6～8厘米粗的商品瓜，果皮嫩，果肉组织柔软多汁，是瓠瓜品质最好的时期。为确保不断开花、不断结果、不断采收，大果应适时采收。

适时采收

◎ 第九节　西葫芦

西葫芦（*Cucurbita pepo*），是一年生草本植物，为南瓜的一种。别名茄瓜、熊（雄）瓜、白瓜、小瓜、番瓜、角瓜、笋瓜等。原产印度，中国南方、北方均有种植。西葫芦以食用嫩瓜为主。西葫芦有清热利尿、除烦止渴、润肺止咳、消肿散结等疗效。西葫芦生长势强，生长周期短，坐瓜多，产量高，适应性强，在金华利用大棚设施可春秋两季栽培。

金华康乐蔬菜专业合作社

一、生物学特性

西葫芦根系发达，根系再生能力较弱，主根深度为10～30厘米，侧根以水平生长为主，分布范围达1.2～2.1米，吸水吸肥能力较强。茎中空，五棱形，质地硬，生有刺毛和白色茸毛。叶为密集互生单叶，叶片较大，掌状深裂，裂刻深浅随品种不同而有差异，叶面粗糙多刺，叶片呈绿色，或深浅不一，近叶脉处有银白色花斑，叶柄长而中空，有较硬的刺毛，叶腋间着生雌雄花、侧枝及卷须。花为雌雄异花同株，雌雄花的性型具有可变性，夜温低、日照时数较短、光照充足则利于雌花形成，反之则雄花较多。果实形状、大小、颜色因品种不同差异较大。西葫芦喜温暖的气候，种子发芽最适温度为28～30℃；西葫芦对光照要求比较严格，其适应能力也很强，既喜光，又较耐弱光，在短日照下，雌花数量多。

二、主要栽培技术

❶ 品种选择

  宜选择商品性佳、口感好、优质高产、抗病抗逆性强、生长周期短，适宜当地消费习惯和市场需求的优良品种，春季选耐寒性较强的品种，秋季选较耐热品种。如美玉西葫芦、冬宝西葫芦、华玉西葫芦、圆葫一号、圆葫三号、早青、阿太等。

美玉西葫芦

❷ 栽培季节

  大棚春早熟栽培，2月上旬播种，3月上旬定植，苗龄25～30天，4月上中旬采收，特早熟栽培，一般采收到5月即结束。大棚秋延后栽培，9月上中旬播种，9月中下旬定植，苗龄12～15天，10月下旬开始采收，12月下旬至翌年1月上旬采收结束。

❸ 整地做畦

  定植前半个月每亩施入有机肥2500～3000千克、三元复合肥50千克，深耕做畦，做成畦高20厘米，畦宽60厘米或100厘米，沟宽50厘米，将畦面和沟压平整。

❹ 播种定植

  （1）播种。播种前种子用55℃热水烫种15～20分钟，降至常温浸种6～8小时，然后用清水洗去种皮上的黏液，捞出用纱布包好，放在28～30℃条件下催芽，80%种子露尖时播种。可采用穴盘基质育苗，播种前浇足底水，播种深度2厘米，每穴播2粒种子，覆盖白色地膜保湿，促进及早出苗。每亩地约需种子0.25千克。

（2）定植。秧苗长出3～4片叶时定植。畦宽60厘米采用单行定植，畦宽100厘米采用双行三角形定植，株行距50厘米左右。定植时根部尽量多带土，避免伤根，保持根系舒展，种植不可过深，子叶露出地面为宜，定植后浇定根水。

⑤ **田间管理**

（1）肥水管理。植株定植初期，一般不浇水，如气候异常干旱，可根据土壤墒情适当浇水；植株坐果后，花、果实进入快速生长时期，对水分、养分需求迫切，可5～7天浇一次水，并随水每亩追施复合肥10～15千克，或叶面追肥。浇水宜在晴天上午进行，浇水后注意通风排湿。

（2）温度管理。植株生长期间，可通过揭盖膜、遮阳网等措施控制温度，缓苗期为促进植株早生根，宜白天保持温度25～29℃，夜间17～20℃，温度超过30℃要注意通风降温。缓苗后，白天适宜温度为21～25℃，夜间为15～18℃，不可低于10℃，昼夜温差大，利于瓜的膨大。西葫芦大棚生产必

定植

浇定植水

保温栽培

须进行人工授粉。

（3）植株管理。及时清理植株上的老（病、黄）叶，以免消耗过多养分。为防止落花化瓜现象，促使植株早结果、多结果，可在雌花开放之际，用氯吡脲涂花保花保果，对提高早期的产量有非常显著的效果。

（4）病虫害防治。西葫芦主要虫害有蚜虫、白粉虱；主要病害有白粉病、霜霉病、病毒病等。对于蚜虫、白粉虱应以物理防治为主，可悬挂黄板诱杀，化学防治可选用啶虫脒、呋虫胺等。白粉病除选用抗病品种外，发病初期可选用氟菌·戊唑醇、醚菌脂等药剂交替防治。霜霉病发病初期，可选择霜脲·锰锌、烯酰吗啉等进行防治。病毒病发病初期可用宁南霉素、吗呱乙酸铜等药剂加叶面肥防治。

（5）果实采收。西葫芦一般在开花后 7～9 天即可采收，单瓜重 0.3～0.5 千克，及时采收有利新瓜膨大及植株茎叶生长，有助于提高早期产量；根瓜 0.3 千克即可采收，采收太迟会影响第二瓜的生长。结瓜盛期长势旺的植株适当多留瓜，留大瓜采收；徒长植株适当迟采，长势弱的植株少留瓜，适当早采。采摘最好用刀割，瓜柄尽量留在主蔓上。

果实采收期

◎ **第十节** 青菜

青菜（*Brassica chinensis* var. *chinensis*）是十字花科芸薹属叶用蔬菜，也称小白菜或不结球白菜，北方则叫油菜。青菜系我国长江流域普遍种植的一种大众化蔬菜，北方也多引种，其种类和品种繁多，生长期短，适应性广，可周年生产与供应。影响青菜产量不稳定的主要因素是病虫害、严寒和酷暑，在生产上应着重解决好伏缺期间的抗高温栽培、春缺期间的防寒栽培以及秋冬的抗病高产稳产栽培技术。

金华市里央田蔬菜专业合作社生产基地

一、生物学特性

青菜大多须根发达，分布较浅，再生能力强，少数主根肥大。营养生长期是短缩茎；花芽分化后，易茎节伸长而抽薹。叶开张，株形较矮小，多数叶片光滑，亦有皱缩的，少数迟熟品种还有茸毛，叶柄明显。叶着生在短缩茎上，呈莲座状排列，柔嫩多汁，是主要供食部分。叶的形态特征因不同种类、品种和环境条件而有差异，一般叶片大而肥厚，叶色浅绿、绿、深绿和墨绿。叶形有匙形、圆形、卵形、倒卵形或椭圆形。叶柄明显肥厚，柄色白、绿白、浅绿或绿色，抱合成筒状，基部肥大，断面为扁平、月牙或半圆，长度不一。

青菜性喜冷凉，种子发芽适温20～25℃，生长最适气温18～20℃，耐热耐寒力较强，在零下2～3℃的情况下能安全越冬。

二、品种选择

应选择商品性好、口感好、适应市场需求、抗病性强、高产的优良品种，冬春季播种选择耐抽薹的四月慢、五月慢类型品种，如青梗油菜、杂交青梗小白菜、冬春宝等；夏秋季播种应选择耐热性强的品种，如华美斯F1（009）、中冠、华键、火箭（小白菜）、抗热605等。

三、播种季节

作小白菜生产时，大棚可四季栽培，一年可播种采收8～10茬。5～8月分期播种，作耐热速生小菜生产时，播种后25天左右就可一次性采收。3～4月播种小菜，一次播种可分两次采收，播种后25天左右选大棵的采收，再过15～20天进行第二次采收。10～11月播种小菜，一次播种可以根据市场销售情况分3～4次采收上市，播种后25天左右选大棵采收第一次，以后隔15～20天选大棵采收一次。作大棵青菜生产时，采用育苗移栽，最适播种期为8月中旬至12月，苗龄25～40天，温度低则苗龄长，9月中旬至翌年2月中旬定植。

四、主要栽培技术

① 播前准备

（1）大棚准备。选择前作非十字花科蔬菜、土壤肥沃、排灌方便、保水保肥力强、无污染源的田块。冬春采用大棚覆盖保温栽培，夏秋去裙膜避雨栽培，夏季高温加盖遮阳网遮阴降温栽培，有条件的裙膜改用防虫网防虫栽培，可减少虫害，减少用药。并配上微喷设施，定时喷水，节约用水，节省劳力，避免棚内高温高湿，减轻病害。

（2）施足基肥。大田应深翻晒土，亩施腐熟的有机肥1500～2000千克，冬春季加施多元复合肥50千克，夏秋季加施多元复合肥25～30千克。

（3）深沟宽畦。畦宽（连沟）1.5米，然后整平耙细，准备种植。

（4）播种量。育苗移栽的每亩用种量为100～150克，直播（撒播作小菜）的亩用种量为500～900克。根据采收日期的早晚确定种植密度，同一品种，需要提前采收的宜密植，适当延迟采收的宜稀植。

② **播种育苗**

播种方式可采用撒播、条播、点播或穴盘育苗后定植的方式。经处理后的种子播种后，用1厘米厚的营养土盖籽，再用薄膜或遮阳网覆盖，遮强光和保湿。出苗后及时观苗揭网，避免遮阳网覆盖时间过长，造成秧苗徒长。

撒播

穴盘育苗

③ **间苗定植**

幼苗开始长出真叶时进行第一次间苗，宜早不宜迟，间去过密小苗；4片真叶时第二次间苗，除去弱、病苗，同时可结合市场行情，开始间苗上市。在间苗的同时拔除杂草。长出4～5片真叶、苗龄25～30天时定植，株行距20厘米左右，1.5米畦种植5行，亩植7000～8000株。定植时沙壤土可稍深栽，黏土应浅栽，10月以

定植管理

后定植可深栽，以利防寒。

④ **肥水管理**

作小青菜生产时，一般施足基肥，不需追肥；夏秋干旱出苗困难，出苗前每天早晚浇水各一次；出苗后视苗长势追1～2次肥，因小青菜生育期短，25天左右即可采收。

作大棵白菜生产时，全生长期追肥4～6次，定植后3～4天追施一次，以后每5～7天追肥一次，直至收获前10天停止。冬季应控制浇水，由于温度低、需水量少，浇水施肥应在中午前后进行。

⑤ **温度和湿度管理**

春天雨水多，需及时清沟排水，防止棚内积水。冬春季气温低应注意大棚保温，气温升高时及时通风，降低棚内温度和湿度，避免高温高湿致霜霉病猛然发生。夏秋季高温干旱应及时浇水，保持土壤湿润，加盖遮阳网降温，促进植株生长。

⑥ **病虫害防治**

（1）青菜主要虫害有蚜虫、小菜蛾、菜青虫、斜纹夜蛾、甜菜夜蛾、黄条跳甲、菜螟等，通常发生在3～12月。

（2）青菜主要病害有霜霉病、软腐病、炭疽病、病毒病、白斑病和黑腐病。1～3月以霜霉病为主；4～6月易发霜霉病、软腐病、炭疽病、白斑病；7～9月高温、干旱、台风暴雨期，病害为害最重，主要有软腐病、霜霉病、病毒病、黑腐病；10～12月天气渐冷，病害以霜霉病、软腐病、炭疽病为主。

（3）防治措施。结合"预防为主、综合防治"的原则，合理采用药物防治。针对青菜生长不同时期、不同病虫害、不同农药特性和安全间隔期要求进行药剂防治。

1）虫害。青菜生育期短，在全生育期可进行1～2次药剂防治，视虫情和安全间隔期而定。蚜虫可选用啶虫脒、苦参碱、呋虫胺等防治；小菜蛾、菜青虫、菜螟可选用阿维菌素、氟苯虫酰胺、茚虫威等防治；斜纹夜蛾、甜菜夜蛾可选用茚虫威、虫螨腈、阿维菌素等防治；黄条跳甲可选用啶虫脒、噻虫嗪等防治。

2）病害。霜霉病可选用氟菌·霜霉威、烯酰吗啉等防治；病毒病可选用宁南霉素、吗呱乙酸铜等防治；软腐病可选用农用链霉素、噻森铜素等防治；白斑病、炭疽病可选用嘧菌酯、咪鲜胺等防治；黑腐病可选用春雷霉素、农用链霉素等防治。

⑦ 采收

青菜根据栽培的目的不同和季节的差异，采收时间也不同，长至5～10叶时即可采收上市。高温季节作小菜上市一般在播后20～30天即可采收。秋冬季作大棵白菜上市一般在定植后50～60天即可根据市场行情采收上市。

◎ 第十一节　落葵

落葵（*Gynura cusimbua*）又名木耳菜、软浆叶、藤菜、西洋菜、胭脂菜等，属落葵科一年生的蔓性绿叶蔬菜。落葵原产亚洲热带地区，非洲、美洲均有栽培，我国栽培历史悠久，全国各地均有栽培，南方栽培较为普遍。落葵菜可采摘幼苗、嫩梢或嫩叶炒食、煲汤、凉拌，性寒、味甘酸，不仅是本地夏秋蔬菜淡季补缺的重要蔬菜品种之一，同时具有清热、凉血、滑肠、通便、解毒等药用价值，是以全草入药的一味中药。落葵的蔓生性与抗病虫特性，也是阳台、庭院作为景观、食用两用栽培较好的选择，深受种植户与市场的欢迎。落葵适应能力强，在设施条件下，1～9月均可种植，本地以早春栽培为主。

金东区下潘设施蔬菜基地

一、生物学特性

落葵是高温短日照蔓生作物，喜温暖高湿，高温多雨季节生长良好。落葵根系发达，分布广而深，吸收能力强；茎蔓遇潮湿土壤易产生不定根。落葵种子发芽适温20℃左右，生长适温25～30℃，低于15℃则生长不良，采收前日夜温差10℃左右，可促进叶片增厚、叶色浓绿、生长健壮。落葵品种根据花色有红花、白花、黑花之分；根据茎色可分青梗、红梗两种。落葵蔓生，茎光滑，无毛，叶为单叶互生，全缘，无托叶，叶心脏形或近圆形或卵圆披针形。种子球形，紫红色，千粒重25克左右。

二、品种选择

选用生长势强，分枝能力好，耐高温、干旱、高湿，茎粗，叶片大而肥厚，嫩叶柔软、光滑的品种。本地以茎绿白色、叶绿色、营养价值高的青梗大叶落葵生产为主。

三、栽培技术

❶ 播种前准备

（1）施足基肥。宜选择土壤有机质丰富、土质疏松、排水良好的沙壤土。播前亩施生石灰50千克、腐熟鸡粪1500～3000千克、优质复合肥50千克，深翻整地做畦，做成畦宽1.3米、沟宽0.3米、沟深0.2米，为增加土地利用率，棚边两畦可做半畦。为方便操作，做畦后盖大棚膜。

施肥翻耕整地做畦

（2）种子处理。落葵种子外壳较硬，为提高发芽率，用55～60℃温水烫种15分钟后，洗去种皮黏着物，常温浸种1天加草木灰撒播入田；也可用杀菌剂处理种子后干籽直播，防止种子带菌。

❷ 栽培方式

冬春季采用大棚、小拱棚双层覆盖。夏秋季则单层大棚膜覆盖。

❸ 适时播种育苗

长季栽培播种期为上年11月中下旬至1月下旬，最适种植时间为上年12月下旬至1月下旬，为提高前期产量，亩用种量15～20千克。撒播后耙平覆土，以种子不裸露为宜，畦面覆盖2米宽、0.3毫米厚的白色地膜，然后流水漫灌，让土壤自然干燥。盖严棚膜，60%～70%种子发芽后搭小拱棚盖膜。地膜覆盖后保湿能力强，外温14～15℃、阳光充足时种子易烫伤，需揭去大棚膜两端通风1～2小时；外温20℃以上，则应大、小棚两头揭膜通风。本地大棚栽培主要在3月上旬至5月上旬播种，亩用种量5千克，可育苗定植，无须盖小拱棚，其他管理相同。

❹ 田间管理

落葵浸种处理后，10天左右出苗，15天左右齐苗；干籽直播则20天左右出苗，30天左右齐苗。当苗长至15～20厘米高时，开始间苗除草，间弱留壮，株行距保持3～5厘米，

播种育苗

第一次幼苗采收

重复采收

同时也是第一次幼苗采收，保留两个腋芽继续生长。第二次、第三次间苗与采收同时进行，即采收幼苗、嫩梢。第四次正常采收批量上市，看植株稀密程度留腋芽，以嫩梢上市。一般5～7天采收一次，视当时温度条件而定。生产期间本地通过增加播量，适当密植，提高前期产量；合理浇水，避免偏施过施氮肥，给予高温高湿环境条件，促进落葵叶片肥大和快速生长，以减少植株徒长及发病的机会。

⑤ **大棚管理**

落葵耐热耐湿性较强，生长期间若温度高，则生长速度快，但外温过高也将影响植株生长，可通过揭盖膜控制棚内温度和湿度。3～5月本地平均温度在10～23℃，10～11月平均温度在12～18℃，落葵在大棚膜下需加小拱棚；6～9月温度较高，平均温度在25℃以上，需撤除小拱棚；根据植株生长、气候情况需要日揭夜盖棚膜，降低温度和湿度，促进生长，提高落葵品质。

保温栽培

⑥ **肥水管理**

落葵是速生叶菜，喜肥水，为获高产需大肥大水供给。根据落葵生长情况，一般年追肥3～4次，每亩用优质复合肥50千克穴施，随后及时用喷雾器喷浇清水。落葵虽然

喷洒泥浆降温

较耐旱耐湿，但干旱时仍应及时浇水，涝时及时排水，畦土保持湿润状态有利落葵生长。

⑦ 适时采收

落葵是取食嫩茎叶的绿叶蔬菜，以采收幼苗、嫩梢为主。一般2月中下旬至3月中旬开始采收，采收期可延长至12月下旬。落葵嫩梢生长至15~20厘米时是采收适期，每5~7天采收一次，高温季节2~3天采收一次。注意采收时留桩要矮，在新梢基部只要保留1~2个腋芽供其继续生长

适时采收

即可，新梢避免长藤老化，保持商品性和食用价值。长季栽培管理得当亩产量可高达16000千克以上。

⑧ 病虫害防治

落葵具有极强的抗病、避虫能力，农药使用量少，具备健康无公害农产品特质。落葵主要病害是茎基腐病、褐斑病；主要虫害是菜青虫、蝗虫。采用"以防为主，综合防治"原则，除清园、闷棚土壤消毒等农业防治措施外，还可合理使用药物防治。

棚内湿度高，在幼苗期需防茎基腐病，早春栽培生长前期棚头易发生褐斑病，对产量没影响，但影响品质，一般情况下无须农药防治，严重时可喷杀菌剂防治。

菜青虫一般在7月中旬至8月下旬盛发，可采用性诱剂诱杀成虫，减少虫口密度，减轻为害，低龄幼虫（包括蝗虫）发生时，选用高效低毒生物农药防治。

◎ 第十二节 田菱

菱（*Trapa bicornis*）属菱科，是一年生浮叶水生草本植物。菱，又名水果、菱角、芰等。菱原产我国，距今已有7000余年的栽培历史。目前我国各地均有栽培，尤以江苏、浙江两省为多，是我国著名的特产之一，现在日本、朝鲜、印度、巴基斯坦也有栽培。菱营养丰富，既可当菜、当水果，又可入药，生熟食皆宜，有消暑止渴、健脾益气、利尿通乳、抗癌等功效。

此外，菱盘可腌制食用，菱叶可做青饲料或绿肥，作为特色农产品具一定的开发价值。随着市场经济的快速发展，人们生活水平的不断提高，保健、尝鲜人群日益壮大，市场的需求量增加，种植面积扩大，同时要求栽培技术改进更新。菱在本地以水塘深水栽培的传统栽培方式为主，多为自然繁衍，粗放经营，产量低、经济效益低下。根据在适宜温度条件下，菱具无限生长的特点，大棚田菱栽培技术的开发应用，是菱栽培史上的一项技术革命，采用大棚育苗和促早栽培，鲜食菱果在5月中旬即可供应市场，经济效益显著。

金华市上荷塘蔬果专业合作社基地

一、生物学特性

菱由种子发芽。根有土中根与水中根两种，土中根为弦线状须根，从土壤中吸取营养，是菱吸收养分的主要器官；水中根分布在菱茎的各节上，吸收水中养分，又称叶状根。菱茎出水形成正常三角形叶，由叶柄（含浮器）与叶片组成，节间缩短，由40～60枚近似轮生的叶片形成菱

菱盘

盘。菱花自菱盘叶腋中发生，在水面开放，受精后没入水中结果。果呈菱形，为坚果，通称"菱角"，有青绿色、紫红色等，有四角、三角、二角、无角之分。

菱喜温暖湿润，不耐霜冻，在0.5～3.5米深的水中，水位相对稳定，均可栽培，因而种植于池塘、湖泊、河道等水面较为常见。土壤要求松软、有机质含量1.5%以上、土壤pH 5.5～7.5、耕作层20厘米以上。菱从播种至采收约需5个月，种子发芽温度在13℃以上，生长期温度以20～30℃为宜，花期日温20～30℃，夜温15℃，35℃以上易花而不实或畸形。

二、田菱大棚栽培技术

① 菱田选择

宜选择空气质量好、避风向阳、环境卫生、无污染、水源充足、水质洁净、水温稳定、土壤有机质丰富的田块。

② 品种选择

大棚田菱栽培是在田菱生产基础上的一项浅水控温栽培技术，宜选用早熟、高产、优质、抗病、生熟食兼用、商品性优良的品种。根据市场需求，本地栽培主要以早熟性好、产量高、果肉利用率高的金华青菱为主，搭配部分中晚熟品种（红菱）。

青菱

红菱

③ **苗期管理**

（1）播前准备。播种前2个月深翻土壤，同时均匀撒施50千克生石灰，既可通过晒垄增加土壤的通透性、调节酸碱度，又可土壤消毒，减少病虫害的发生。播种前1个月扣棚覆膜，确保播种时地温稳定在10℃以上。彻底清除菱田中的

大棚育苗

杂物及杂草，精耕细耙整平菱田，待土壤沉降后水位保持在3～5厘米时，每亩配施复合肥15千克，待1～2天后播种。

（2）育苗。选择避风向阳、排灌方便、土质较肥的田块做苗床，1月中旬至2月上旬在大棚内播种育苗。每亩大田需用种量30～35千克，均匀播种。出苗前水位保持3～5厘米，出苗后水位保持10～15厘米，视温度变化及生长情况而定，气温高则水层可稍低。2月下旬至3月上旬是菱出苗到分枝的关键时期，温度需保持在13℃以上。一般温度在15℃左右时20～30天发芽，若天气晴朗，白天气温15～20℃，10天即可发芽。发芽分叉后分棚育苗，茎叶长满田后分苗定植或再繁殖。

④ **菱棚管理**

（1）定植与密度。根据菱发芽分枝情况及秧苗密集程度确定定植时间，一般在3月中旬左右，主茎菱盘形成时即可移栽大棚内，密度以2～3株/米²为宜。

（2）肥水管理。定植前选晴天将菱田水排干，每亩施入腐熟农家肥

分苗定植

或商品有机肥500～1000千克，配施三元复合肥35千克、钙镁磷肥50千克，2天后放水入田，以减少草害、病害及残留虫卵。移栽后，3月中下旬正值菱营养生长期，每亩施入10～12.5千克三元复合肥，有利植株分枝、分盘，肥

保温栽培

料不能直接接触菱盘，以防伤叶。采果期每采摘1~2次追肥一次，每亩施三元复合肥15~20千克，采后及时条施。植株开花结果期可采用0.2%磷酸二氢钾根外追肥，每隔7~10天使用一次，促进生殖生长。产果期需肥量大，可根据菱盘生长势确定施肥量及次数。

（3）水位管理。定植前期保持15~20厘米水位，有利增温，抑制野草生长；植株主茎形成菱盘后，特别是初花后，菱田水位保持在30~35厘米；温度在38~40℃时，水位则要保持在35~40厘米，并要防水位大起大落。结果期要经常采用优质流动活水灌溉，通过活水灌注，可提高菱角鲜洁度，同时又可调节水温，提高开花坐果率，增强菱吸肥能力，有利增加单果重。

（4）棚温管理。菱生长适温为20~30℃，菱开花结果适温为25~30℃。棚内温度超过35℃，易造成花而不实。4月中旬菱生殖生长逐渐旺盛，需随时掌握棚温变化，一般室外温度达20℃，应开始通风；棚内温度要控制在30℃以下，同时注意天气变化，当露地温度适宜菱生长时可将棚膜卷起至棚顶待用。

通风降温

（5）植株管理。生长初期植株菱盘分盘少，要求种植株数多，一般以植株初花时达到菱盘密接，水面不露空隙为好，菱盘相互密接处应适时疏理，疏去后期生长的小菱

人工捞除杂草

盘，保护大菱盘，并及时理顺和拨正菱盘，以改善通风透光条件。菱田生长过旺，应及时分苗或再繁殖，否则植株过密，特别是高温闷热天气，易造成水下缺氧，从而引起落花落果。因此，在菱生长旺盛期要及时活水流灌，调节水温，增加氧气，并通过采菱翻动菱盘搅动水面增加水中溶氧量。

（6）病虫草害防治。大棚菱主要病害有白绢病、褐斑病，主要虫害有萤叶甲、褐萍螟和蚜虫等，主要草害有油草、青萍（四叶萍）、空心莲子草（水花生）、稗草、异型莎草、水绵、蓼草、野菱等。

为达到菱的无害化生产，要坚持"预防为主、综合防治"的原则，优先使用农业防治。一是生产前翻耕埋草，彻底清除上年留存的植物残体，减少病原菌；二是播后至菱盘没有封面前及时清除杂草和浮生植物；三是采取进水和排水口细网过滤，防止浮生植物流入其他菱田扩大危害。可采用黄板、性诱剂、杀虫灯等物理方法诱杀害虫，减轻虫害；也可在菱定植前与采收后利用生物链——鸭群除虫、除草、增肥；同时也可合理采用生物制剂或高效低毒化学农药防治，用氯虫苯甲酰胺、阿维菌素等防治萤叶甲、褐萍螟，用啶虫脒、呋虫胺喷雾防治叶蝉、蚜虫，用甲基硫菌灵、嘧菌酯防治白绢病、褐斑病，喷施宜在傍晚前后进行。

⑤ 采摘上市

采收因用途而异，大棚菱角采收前期以鲜食和菜用为主，宜采嫩果，菱角达到六七分熟，果皮呈青白色，即可采摘；生产后期以熟食菱肉为主，要求菱角果肉成熟度达90%以上，果皮呈黄白色后采收，采收后立即清洗销售，以保证菱角新鲜。采收间隔，一般5～6天采收一次，秋季延长至7～10天。

菱角采收

商品菱角

◎ 第十三节　生姜

生姜（Zingiber officinale）是襄荷科姜属多年生宿根植物，作为一年生作物栽培。生姜原产东南亚和我国热带多雨地区，我国自古有之，分布南北各地，长江以南各省普遍栽培。食用部分是姜的根状茎，它含有丰富的姜油酮、姜油酚、姜油醇和铁盐，还含有蛋白质、糖、粗纤维和多种生物碱，生姜在中医药学里具有发散、止呕、止咳等功效。嫩姜是人们喜爱的蔬菜，生姜鸡、生姜肉、糖醋姜等是餐桌上的佳肴。随着消费需求的增加和农业生产设施条件的改善，生姜大棚早熟栽培技术将嫩姜上市期提前到劳动节前后，延长了市场供应期，增加了生姜生产效益。

金华市绿岗家庭农场

一、生物学特性

生姜根系不发达，入土浅，主要分布在30厘米左右的范围内。地上茎是叶鞘抱合成的假茎，高70～100厘米，直立不分枝；茎主要在地下，发育为肥大肉质根状茎，并可分生一、二、三……次生根茎，第一根茎称母姜或姜母，由母姜两侧腋芽分生的根茎称子姜，子姜又可分生子姜，子孙一体，形成扇状的地下肉质根茎，呈不规则块状，一般苗数越多姜块越大，产量越高。姜表皮淡黄色，肉质黄白色，味辣。在嫩芽及节处的鳞片为紫红色或粉红色，常作为品种命名的依据。叶披针形，排成两列，茎叶绿色，有香味。姜在热带地区开花，花一般为黄色，以根茎繁殖。

二、主要品种

生姜为无性繁殖，品种不多，主要的生姜品种有广州的疏轮大肉姜和密轮细肉姜、湖北的枣阳姜和凤头姜、贵州的遵义白姜、安徽的铜陵白姜、云南的玉溪黄姜、陕西的汉中黄姜、四川的犍为麻柳姜和竹根姜、东北的丹东姜、山东的莱芜片姜和大姜、浙江的红爪姜和黄爪姜，以及山东农大从国外引进的山农大姜1号和2号等。

三、栽培技术

① 地块选择

生姜易发生腐败病（俗称姜瘟），应与十字花科、豆科等蔬菜3～4年轮作。宜选择土层深厚、保水保肥力强、有机质丰富、排灌方便、腐殖质多的壤土或黏土种植。

② 种姜准备

大棚早熟栽培宜选用早熟品种。选择健壮、无病虫、无伤痕的较大姜块作种姜。每亩用种量750千克以上。种姜的贮藏适温10～12℃，贮藏过程中要特别注意防冻和保湿。

③ 种姜催芽

姜催芽后再播种。催芽的关键是要掌握好催芽温度，催芽适温25～28℃，催芽期25天左右。在种植前30～35天开始加温催芽。当大部分姜芽长度达到1厘米左右时，停止加温，将温度逐渐降低至12～15℃，姜芽长5～10厘米即可移栽定植。

④ 种植

（1）种植准备。在种植前半个月，每亩施入腐熟有机肥2000千克、草木灰50千克、高钾复合肥50千克及硼、镁、锌复合微肥适量，然后深翻耕地，平整做畦，畦高0.4米，畦宽1.3～1.5米（连沟），保证畦面干燥，沟底水流畅通；扣棚并密闭棚膜，以利提高土温和促进土壤熟化。

（2）适时种植。大棚生姜在2月中下旬气温回升后选择晴暖天气种植，每畦种植四行，采用宽、窄行种植，行距0.2～0.3米，株距0.15米。催芽后大姜块掰成50～75克小块，种块留1～2个健壮芽，种姜掰开处蘸草木灰后下种。在姜沟内浇一次透水，将姜芽朝一个方向排好（姜芽朝南或朝东南），随即覆土4～5厘米，盖地膜保温保湿，夜间在地膜上加盖1～2层遮阳网保温。

⑤ 田间管理

（1）温度管理。生姜喜温，地上茎生长适温为18～28℃。种植后出苗前大棚膜、地膜要盖严，出苗前不需通风，在25～28℃的土温条件下，出苗快而整齐。天气晴暖，20～30天即可出苗，出苗后应马上将地膜改为小拱棚，并注意通风，棚内温度白天保持在28～30℃，夜间保持在18～20℃，当棚内温度高

大棚栽培

于35℃，应及时通风降温，避免温度过高烧苗。齐苗后撤去小拱棚，随外界气温的升高，加大棚内通风量，白天棚温保持在25～30℃，夜间以15～18℃为好。

（2）肥水管理。出苗后要经常检查土壤湿度，太干要及时灌水，以全土层湿润而不积水为好，灌溉水源宜选择井水或库水，避免污水灌溉。结合培土追肥，2个分枝苗开始追施，以后每隔25天施一次，亩施高钾复合肥10～15千克，促进根茎肥大。也可采用滴灌设施肥水同灌，结合灌水，以水带肥，采用少量多次施肥。

（3）病虫害防治。主要病害有生姜腐烂病（姜瘟病），主要虫害有夜蛾、蓟马等。腐烂病的防治应以农业防治为主，发现病株要及时处理并立即选用噻菌铜、氯溴异氰尿酸、新植霉素等药剂灌根。夜蛾类在2龄幼虫时可选茚虫威、虫螨腈等防治，蓟马可结合用蓝板诱杀，也可选用呋虫

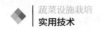

胺、啶虫脒等防治。

6 适时采收

嫩姜采收主要看新姜姜体生长情况和市场价格，大棚早熟栽培的生姜，5月上中旬长出一两个分枝时，可陆续采收上市。

采收嫩姜

第四章

高效栽培模式

根据金华气候特点和蔬菜生产需要，充分利用大棚设施，通过蔬菜新品种、新技术应用，开展避雨、遮阳、保温栽培，合理安排栽培季节，紧凑茬口，采用提前或延后栽培。根据蔬菜品种和高矮不同，充分利用大棚的空间，套种、间作、轮作，利用土壤中的各种营养成分，改善土壤环境；套种期间的短期共生栽培，提高土地与设施周年利用率，提高单位面积产出，提高经济效益。

◎ 第一节 番茄—芹菜—芹菜（莴苣）栽培模式

一、茬口安排

春番茄 11 月中旬播种，12 月中下旬假植，翌年 2 月下旬至 3 月上旬定植，4 月下旬至 5 月上旬始收，7 月下旬采收结束；夏秋季芹菜 6 月下旬～7 月中旬播种，8 月定植，国庆节前后采收；芹菜越冬栽培 9 月上中旬播种，10 月中旬定植，12 月底至翌年 1 月初采收；莴苣 9 月上中旬播种，10 月上中旬定植，12 月下旬至翌年 2 月中下旬采收。

二、番茄栽培技术要点

❶ 品种选择

宜选择耐寒（耐热）性强、品质好、产量高、商品性好的番茄品种，如百灵、科迈、瑞丰、宝玉、浙杂809、合作903等品种。

❷ **育苗定植**

苗期温度较低，宜大棚套小棚双层至三层覆盖保温育苗。也可采用穴盘育苗或购买商品苗。带花定植。

❸ **定植密度**

硬果番茄定植密度：行距×株距＝70厘米×（45～50）厘米，亩栽1600～1800株；软果番茄定植密度：行距×株距＝70厘米×30厘米，亩栽2200株左右，双行定植。

❹ **植株管理**

适时搭架绑蔓或吊蔓，植株生长至15厘米以上，及时插竹竿或吊绳，单蔓整枝，及时除去所有侧枝。主蔓生长至40～50厘米时，采用斜蔓或直蔓上架。留7～8穗果后及时打顶摘芯，除去其上侧枝，单穗留果4～6只。打杈要适时，最好在晴天上午进行，以免植株伤口感染。番茄生长后期，要及时摘除老叶。

❺ **肥水管理**

定植前重施基肥，每亩施腐熟鸡粪肥2500千克、复合肥50千克，可结合生产实际每亩施入生石灰100千克，减少番茄青枯病的发生。生长期追

百灵

定植

整枝绑蔓

肥以高钾中氮低磷复合肥为主，施入适量硼、镁等微量元素，同时根据生长情况结合根外追肥治虫；适当追施果实膨大肥，第一穗果开始膨大时，结合滴灌浇水追施催果肥，亩施复合肥20千克；在番茄盛果期，结合喷药喷施叶面肥，可用0.2%～0.3%磷酸二氢钾喷施2～3次。在低温期应适时喷施叶面肥，特别是在长期低温阴雨等不良条件下，光合产物少，体内积累物消耗多，因此天气见晴后，要及时喷施叶面肥，补充植株养分，增强抗逆性。

⑥ 病虫害防治

主要防治立枯病、猝倒病、灰霉病、青枯病、早（晚）疫病，以及红蜘蛛、蚜虫、烟粉虱等。坚持"预防为主、综合防治"的原则，通过各种有针对性的防治措施进行防治。灰霉病可用异菌脲、腐霉利喷雾防治；早（晚）疫病可用霜脲·锰锌喷雾防治；青枯病通过抗病品种嫁接预防，发病前期可用噻森铜灌根预防；红蜘蛛用哒螨灵、阿维菌素等防治；蚜虫可用呋虫胺、啶虫脒等喷雾防治。

三、芹菜栽培要点

水分管理是芹菜正常生长的重要环节，要给予湿润的生长条件。夏秋季芹菜栽培利用大棚设施进行遮阳降温，在棚膜上加盖遮阳网，促进芹菜生长，减少纤维，提高品质。大棚越冬栽培芹菜，栽培措施与夏秋季栽培基本相同。定植后，温度适宜芹菜生长，11月中下旬后气温下降，要及时扣膜保温，以促进芹菜正常生长，同时可防止叶梗开裂；1～2月气温低，可根据市场需求及植株生长情况适当延迟采收，不影响芹菜品质。

① 品种选择

夏秋季芹菜品种宜选择耐热性好、品质优良、适销对路的芹菜品种，如金于夏芹、黄心芹等。越冬栽培主要以本地品种为主。

② 芹菜夏秋季栽培

（1）育苗。采用避雨遮阳培育壮苗，育苗是夏秋季芹菜种植的难点，在大棚覆膜情况下苗床或穴盘育苗，播种后畦面盖遮阳网以遮阳保湿，相

穴盘育苗

次，促进缓苗。定植缓苗后施入复合肥30千克与适量硼肥。根据生长情况适时适量用营养液根外追肥。

（4）主要病虫害。病害有立枯病、猝倒病、软腐病、早疫病、根结线虫病，虫害有斜纹夜蛾。软腐病可用农用链霉素、新植霉素、春雷霉素等防治。早疫病可用异菌脲、腐霉利等防治。根结线虫病可用阿维菌素乳油灌根防治。

❸ 芹菜越冬栽培

（1）种植密度。株行距20厘米×25厘米。

（2）田间管理。栽培措施与夏秋季栽培基本相同。在阴雨天或晴天傍晚定植。追肥两次，第一次在定植后15天追施复合肥30千克；第二次在芹菜株高25厘米左右时，施入复合肥30千克，促进芹菜生长。

对其他几季芹菜用种量略高，苗期土壤应保持湿润。

（2）定植密度。株行距20厘米×20厘米，每穴8～10株。

（3）田间管理。定植前每亩施入腐熟有机肥1600千克、复合肥50千克，整地做畦，畦宽1.6～1.8米。定植时亩施钙镁磷肥100千克，定植后立即浇水，2～3天后再浇一

定植与遮阳网覆盖栽培

分苗定植

（3）覆膜。11月下旬大棚覆盖塑料棚膜，−2℃以下覆盖双层膜。

（4）苗期预防立枯病、猝倒病，生长期主要防蚜虫和叶斑病。蚜虫用吡虫啉、啶虫脒等防治，叶斑病可用代森锰锌等防治。

四、莴苣栽培技术

保温栽培

9月上中旬播种，不宜播种过早，易受高温影响，提早抽薹。11月中下旬后，为保证莴苣正常生长，要及时大棚覆膜保温，防止莴苣受冻空心，影响品质。

❶ 品种选择

宜选择拔节密、茎秆粗壮、香味足、脆嫩、肉质绿色的耐寒品种，如金农香笋王、金铭一号、永安大绿洲等莴苣品种。

❷ 育苗

播种前，种子低温催芽。播种后地面覆盖遮阳网，每天傍晚浇水一次，保持床土湿润，出苗后揭去遮阳网，并及时间苗。具4～5片真叶时，即可带小土块定植。

❸ 种植密度

株行距30厘米×35厘米。

❹ 肥水管理

定植前每亩施入腐熟有机肥2000千克左右、复合肥50千克，整地做畦，连沟畦宽1.6米。定植后立即浇水，促进缓苗，缓苗后，土壤经常保持湿润。为促进

定植

肉质茎膨大，重施开盘肥，每亩追施复合肥30千克。

⑤ **覆膜**

　　11月上中旬，夜间温度偏低，应抓紧扣棚覆膜，促进植株生长。

⑥ **病虫害防治**

保温栽培

　　为害莴苣的主要病害有菌核病、霜霉病、灰霉病，主要虫害有蚜虫、蓟马、地老虎等。菌核病可用腐霉利、啶酰菌胺等农药，每7～10天用药一次，连续3～4次；霜霉病可用霜脲·锰锌、烯酰吗啉等农药，每7～10天进行叶面喷雾，连续2～3次；灰霉病可用腐霉利等农药防治。

五、示例

① **番茄—芹菜—芹菜栽培模式**

　　曹宅前王畈蔬菜基地种植大户金培斌，2013～2015年大棚种植面积5亩，其中番茄亩产量8000千克，亩产值16000元；芹菜亩产量3000千克，亩产值14000元；后茬芹菜亩产量4000千克，亩产值11000元，每亩年收入41000元。

② **番茄—芹菜—莴苣栽培模式**

　　曹宅前王畈蔬菜基地种植大户金培斌，2013～2015年大棚种植面积5亩，番茄亩产量8000千克，亩产值16000元；芹菜亩产量3000千克，亩产值14000元；莴苣亩产量4000千克，亩产值8100元，每亩年收入38100元。

◎ 第二节 茄子—白菜—芹菜—莴苣栽培模式

一、茬口安排

（1）茄子：9月下旬育苗，12月下旬定植，采收期为翌年2～6月。

（2）夏白菜：6月下旬直播，8月上旬采收上市。

（3）秋芹菜：6月中旬播种育苗，8月中旬定植，10月上旬采收上市。

（4）冬莴苣：9月中旬播种育苗，10月中旬定植，12月下旬采收上市。

二、关键栽培技术

❶ 茄子

（1）品种选择。选用抗病丰产、品质优良、商品性好的早熟品种，如杭茄一号、杭茄三号、杭丰一号等。

（2）播种育苗。播种前准备好苗床，种子消毒处理，在秧苗长出2～4片真叶时，选晴天或多云天气假植。做好苗期管理，苗期棚内温度控制在18～25℃。

（3）定植。定植前半个月施入基肥，每亩施农家肥750千克、复合肥40千克。定植选晴天进行，两行种植，株距50厘米。定植后，浇适量点根肥，随即盖膜保温，促进新根发生，及早缓苗。

撒播

定植

（4）大棚管理。

1）保温防寒。茄子早熟栽培采用大棚套小拱棚，遇冷空气，则在大棚和小拱棚之间加中棚，在小拱棚上覆盖草帘或遮阳网，保温防冻。

保温防寒与黄板防虫

2）通风透光。茄子定植缓苗后，加强通风透光，每天上午9时揭小拱棚上覆盖的草帘或遮阳网，10时揭小拱棚膜，揭膜前清除大棚膜内的水珠，防止水珠滴落到植株上引发病害。晴天上午10～11时根据大棚内温度，揭大棚膜通风，棚内温度保持在25℃左右。

3）整枝和保花保果。摘除门茄以下全部侧枝，第一档果挂果后，可摘除果实下的叶片，也可适当摘除花蕾或幼果枝条上的部分叶片，增强通风透光，提高坐果率，减少病虫害发生。采用2，4-D或红茄灵点花保果。

4）肥水管理。定植成活后至4月上旬，气温低，一般不浇水，4月中旬后温度明显回升，连续晴天且土壤干燥时，应浇水或沟灌水。每采收两次追肥一次，肥料可用人粪尿或复合肥等，结合灌水每亩穴施或沟施复合肥15千克，同时结合病虫防治追施叶面肥。

采收

5）病虫害防治。以预防为主，做好种子消毒，加强通风透光、肥水管理，降低棚内湿度，及时进行药剂防治。

（5）采收。采收的标准是看萼片与果实连接部位的白色环状带，环状带不明显，表示茄子已成熟，要及时采收。

❷ 夏白菜

（1）品种选择。选择生长

速度快、抗热性强的早熟品种，如早熟5号、小杂56、火箭（小白菜）等。

（2）播种。6月下旬，茄子采收后，除去大棚裙膜，土壤翻耕，整平做畦，浇足底水或充分灌水后播种；播种后覆土，盖上遮阳网保墒（出苗后立即除去遮阳网）。

采收

（3）田间管理。浅松土，减少土壤水分蒸发。利用遮阳网降温、保湿，提高蔬菜的出苗率，保护蔬菜根系免受暴雨冲刷。有条件的可以利用滴水灌溉，减少表土流失、板结，且省工省水。科学安全使用农药防病虫，选用高效低毒低残留农药；严格控制安全间隔期，保证食用安全。

（4）采收。出苗后25天根据市场需求采收上市。

③ 秋芹菜

（1）品种选择。选择生长速度快、高产抗病、耐热性强、品质优的品种，如金于夏芹、上农玉芹等。

（2）育苗。浸种催芽，催芽前种子应进行消毒和低温处理。播种前准备好苗床，做好苗床管理，播种后保持畦面湿润，幼苗长至10~12厘米时，移栽定植。

遮阳网覆盖

（3）移栽定植。移栽前，苗床喷洒一次农药防病、防虫。移栽最好选择阴天，苗床先淋足水，用铁铲挖移，大小苗分开种，株行距15厘米×15厘米，每穴8~10株，并要浅植，定植后盖上遮阳网以利缓苗。

（4）田间管理。

1）肥水管理。施足基肥，每

亩施腐熟粪肥1250～1500千克、粪灰肥300千克。定植后，幼苗长出新根，要及时淋施肥粪水或0.6%浓度尿素。以后每7～10天追施一次肥，并根据芹菜需肥量，合理配施氮磷钾肥。

2）水分管理。根据芹菜生长喜湿润不耐干旱的特点，要经常保持畦面湿润，后期气温下降，蒸发量减少，淋水量和次数相对减少，收获前5～7天停止淋水。

3）病虫害防治。芹菜主要病虫害有斑枯病、叶斑病、蚜虫等。除采用农业、物理、生物防治外，还可合理使用药剂防治，注意交替用药。

（5）采收。秋芹菜定植后50～60天，根据市场行情采收上市，亩产量约3000～4000千克。

❹ 冬莴苣

（1）品种选择。宜选择耐寒、抗病、商品性佳、适应市场需求的品种，如金浓香、金铭一号、永安一号、红香妃等。

（2）育苗。播种前先种子消毒、浸种、催芽，80%露白即可播种。育苗前，苗床泥土整细，浇透畦面，按每克干种子量均匀地撒播1.5米²，细土盖种，覆盖遮阳网保墒，出苗后揭去遮阳网，苗龄30～35天。

（3）整地定植。定植前7～10天每亩施腐熟有机肥2500千克、尿素30千克、过磷酸钙50千克、硫酸钾肥20千克。对多年种植蔬菜田块可用生石灰按每亩100千克进行撒施，调节土壤酸碱度。整地做成畦宽1.8米（连沟），沟深20厘米；株行距35厘米×35厘米，秧苗带土移栽。

莴苣定植

（4）田间管理。

1）移栽后10～15天中耕除草，调节土壤通气性和温度、湿度，促进根系生长；看苗追肥，长势差的前期用人畜粪加10千克尿素追肥。

2）病虫害防治。莴苣的病害主要有霜霉病、菌核病、软腐病等，可选用甲霜·锰锌、腐霉利、农用链霉素、噻森铜等药剂交替使用。虫害有蚜虫，可选用啶虫脒、呋虫胺防治。

（5）采收。莴苣平尖后为最佳采收期，也可视具体情况确定采收期。

采收

三、示例

金华市莲湖严蔬菜专业合作社，现有大棚设施百余亩，50%以上采用该种种植模式。据调查，2014年茄子亩产3000～3500千克，亩产值10000～15000元；白菜亩产2000千克，亩产值3000～4000元；芹菜亩产2500～3000千克，亩产值7500～10000元；莴苣亩产3000千克，亩产值3000～4500元。年亩收入总计23500～33500元。

◎ 第三节 茄子—小西瓜—莴苣种植模式

一、茬口安排

（1）茄子：10月上旬播种，11月上旬假植，翌年2月下旬定植，4月上旬至7月上旬采收结束。

（2）小西瓜：7月上旬播种，7月下旬定植，9月上中旬采收结束。

（3）莴苣：9月中旬播种，10月上旬假植，10月中旬定植，12月中下旬采收。

二、品种选择

（1）茄子：宜选早熟、高产、抗病、耐寒，果皮紫红色、有光泽，品质优、外观光滑漂亮的浙茄1号、引茄1号、引茄2号等品种。

（2）小西瓜：宜选早熟、连续结果性好、肉质脆嫩、果形漂亮的拿比特、黑美人等品种。

（3）莴苣：宜选红尖叶、肉质脆、香味浓、皮薄、可食率高、耐寒、适应性强、抽薹迟的金农香笋王、永安大绿洲等品种。

三、茄子栽培要点

❶ 育苗

采用基质或营养土营养钵育苗。

❷ 肥水管理

定植前重施基肥，每亩施入腐熟鸡粪1500千克、复合肥50千克，翻耕做畦，畦宽1.5米（连沟），耙平畦面，大棚覆膜。定植后浇定根水，每采收两次追肥一次，每次每亩施复合肥15～20千克，结合灌水沟施。根据植株长势，结合病虫防治根外追施叶面肥4～5次。

❸ 定植密度

双行种植，株行距70厘米×50厘米，亩栽1500株左右。

❹ 植株管理

将门茄以下的侧枝全部摘除，第一档果挂果后，摘除其下部叶片，适

双行定植与茄子喷花

当摘除侧枝上的部分叶片，植株徒长、坐果少时可多摘叶片，以促进通风透光。花期使用防落素点花保果，适当施果实膨大肥。

⑤ 病虫害防治

苗期预防灰霉病、立枯病、猝倒病、茶黄螨、蓟马等1～2次。生长期主要防治茶黄螨、蓟马、绵疫病、灰霉病等。

植株管理

四、小西瓜栽培要点

① 培育壮苗

7月上旬，采用穴盘基质育苗。种子可浸种催芽露白后播种，也可直接播种在穴盘中。视天气情况，播种前一天或当天（晴天上午）将穴盘排列在大棚中，浇透水，播后平铺遮阳网二层，以利保湿。催芽后的种子2～3天（直播则7天）出苗，一般不浇水，基质露白、叶片浓绿显旱时，可适当喷水补墒。苗龄20天左右。培育矮壮、子叶完整、具1～2片真叶、叶色浓绿、根系发达的壮苗。

② 种植密度

双行定植，株行距70厘米×50厘米，亩栽1500株左右。

定植

定植后保持土壤湿润

③ 施肥

　　每亩施腐熟鸡粪肥1500千克加复合肥50千克，翻耕做畦1.5米。当幼瓜长到鸡蛋大小时，结合浅沟灌水施膨瓜肥，每亩可施复合肥20～30千克。

④ 植株管理

　　单蔓整枝，只留主蔓，疏除所有的侧蔓。当植株长到30厘米时，进行立架绑蔓或吊蔓。每株留1个瓜，选第2朵雌花坐瓜，在预留的雌花开花时，于上午9时前，采摘当天开放的雄花为之授粉，授粉后3～7天检查是否已坐幼瓜，未坐瓜

植株管理

则再选其上雌花授粉。坐瓜后疏去其他的花和侧枝，保留每株35张叶片左右打顶。当幼瓜长到150～500克时，及时用塑料网兜吊瓜。

⑤ 主要病虫害

　　苗期病害主要有立枯病、猝倒病、病毒病。生长期主要有病毒病、霜霉病、疫病、黄蜘蛛、夜蛾、蚜虫、烟粉虱。苗期病害可用咪鲜胺、甲基托布津预防。霜霉病、疫病可用烯酰吗啉、烯酰锰锌，病毒病可用病毒A，黄蜘蛛可

黄板防虫

用哒螨灵，夜蛾、蚜虫、烟粉虱可用阿维菌素、乙基多杀菌素等防治。

五、莴苣栽培要点

① 种植密度

　　株行距30厘米×30厘米，亩栽4500株左右。

② 肥水管理

每亩施商品有机肥3000千克、复合肥50千克作基肥，翻耕做畦1.2米（连沟）。定植后，浇定根水，保持土壤湿润。茎开始膨大时，每亩穴施30~35千克复合肥，促进茎部膨大。结合病虫害防治适当喷施叶面肥3~4次。

③ 病虫害防治

苗期预防立枯病、猝倒病一次。生长期防蚜虫等虫害一次，雨季重视霜霉病、灰霉病、疫病、菌核病的防治。

六、示例

赤松镇下杨村蒋根品户，2013~2015年茄子平均亩产量4000千克，平均亩产值19000元；小西瓜平均亩产量2000千克，平均亩产值9500元；莴苣平均亩产量4200千克，亩产值8000元。年平均亩收入36500元。

保温栽培

◎ 第四节 黄瓜—白菜—芹菜—莴苣栽培模式

一、茬口安排

（1）黄瓜：1月底营养钵育苗，3月上旬定植，4月下旬开始采收，6月中下旬采收结束。

（2）白菜：6月中旬直播大田，7月下旬至8月上旬采收。

（3）芹菜：7月上中旬播种，8月上中旬定植，9月底至10月中旬采收。

（4）莴苣：9月中旬播种，10月上旬假植，10月中旬定植，12月采收。

二、黄瓜栽培要点

❶ 品种选择

选择抗病、耐寒、优质、高产、商品性好的津优1号、津春4号等黄瓜品种。

❷ 育苗

营养钵或穴盘育苗。苗期可使用电热丝加温。壮苗的标准：生长健壮，子叶健全，叶较大、较厚，叶色浓绿，茎粗节短，根系发达，无病虫害。

穴盘育苗

保温栽培

❸ 施肥

黄瓜施肥以基肥为主，追肥为辅。基肥亩施腐熟鸡粪1000千克（或商品有机肥1500～2000千克）。复合肥50千克，深耕做畦（连沟）1.45米，沟深20～25厘米；根据生长情况结合根外追肥治虫5～6次。追肥宜分次薄施，着重在开花结果期施用，可在开花以后，每隔10～15天，亩施复合肥10～15千克，采用滴灌或流灌施肥。

❹ 定植密度

亩栽2000株左右。

⑤ **植株管理**

吊蔓或插架绑蔓。主蔓每生长25~30厘米时，及时吊蔓或在竹架上绑蔓。除去主蔓60~70厘米以下的所有侧蔓，以主蔓结瓜为主，主蔓25~30片真叶以后打顶，促进回头瓜生长。适当施果实膨大肥。

⑥ **病虫害防治**

预防为主，综合防治。合理使用药剂防治，主要防治立枯病、猝倒病、霜霉病、灰霜病、枯萎病、疫病等。

三、白菜栽培要点

① **品种选择**

选择生长速度快、耐热、抗病、优质的早熟品种，如早熟五号等。

② **播种**

采用直播或移栽方式，株行距20厘米×30厘米，每亩6000~8000株。

移栽定植

③ **施肥**

亩施复合肥50千克作基肥，整地做畦。大白菜定植成活后，每亩追肥20千克尿素，促进植株生长，之后根据叶片长势追肥1~2次。

保温栽培、撒播、采收

④ **病虫害防治**

主要防治蚜虫、小菜蛾、夜蛾、软腐病等病虫害。

133

四、芹菜栽培要点

❶ 品种选择

选择耐热、抗病性强、质地脆嫩、商品性佳、适宜本地栽培及市场需求的品种，如金于夏芹、黄心芹等。

❷ 育苗移栽

定植密度：株行距20厘米×20厘米，每穴8~10株。

❸ 肥水管理

亩施腐熟有机肥1500~2000千克、复合肥50千克作基肥，机耕后做畦，畦宽

定植

1.6~1.8米，再施入钙镁磷肥50千克；追肥结合沟灌，每亩追施20千克复合肥2~3次。高温季节要勤浇小水，以利降温保湿。缓苗后茎叶生长加快，需及时追肥，在株高20~25厘米时，每亩追施复合肥30~50千克，根据长势结合防病追施磷酸二氢钾等叶面肥。

❹ 遮阳网使用

遮阳网覆盖栽培，降低棚内温度，提高品质。

❺ 病虫害防治

主要防治夜蛾、根结线虫病、苗期

遮阳网覆盖

立枯病、猝倒病、高温期根腐病等病虫害，药剂要交替使用。

五、莴苣栽培要点

❶ 品种选择

宜选择耐寒、茎秆粗壮、不开裂、香味足、肉质脆嫩的紫叶品种，如

金农香笋王、金铭一号、永安大绿洲莴苣等。

❷ 种植密度

株行距 30 厘米 × 25 厘米，亩栽 6000 株左右。

❸ 施肥

基肥每亩施商品有机肥3000千克、缓释肥60千克；进入开盘期，茎开始膨大时，每亩追施复合肥30～50千克，促进茎部迅速膨大，以获得肥大的嫩茎。收获前10天，停止追肥。

❹ 覆膜

11月下旬覆盖塑料膜。

❺ 病虫害防治

定植与保温栽培

旺盛生长期

主要虫害是小菜蛾和菜青虫，可用苦参碱和阿维菌素防治。病害有灰霉病、霜霉病、菌核病，可用烯酰吗啉、腐霉利、啶氧菌脂等防治。

六、示例

东孝街道下于村黄建东户，2013～2015年该项大棚栽培模式年平均种植面积3亩，黄瓜亩产量6000千克，亩产值11000元；白菜亩产量2250千克，亩产值6000元；芹菜亩产量3000千克，亩产值14000元；莴苣亩产量4000千克，亩产值8100元。年亩收入39100元。

◎ 第五节 番茄—豇豆（黄瓜）—莴苣栽培模式

一、茬口安排

11月中下旬番茄大棚育苗，翌年2月下旬至3月上旬定植，6月上旬至7月下旬采收；豇豆（黄瓜）采用遮阳避雨栽培，留大棚顶膜，除去裙边膜，7月下旬在每株番茄旁播种，9月上旬至10月下旬采收上市；莴苣9月中下旬遮阳网育苗，10月下旬定植大棚，翌年2月中下旬至3月中下旬采收。

二、栽培技术要点

❶ 番茄

（1）品种选择。选用抗病丰产、品质优良、商品性好的中早熟品种，如浙杂204、科迈、金刚石、普瑞特、迪克、宏冠等。

（2）培育壮苗。采用保护地人工配制营养土，播种前用1%高锰酸钾进行种子消毒，用噁霉灵可湿性粉剂进行营养土消毒。长出2～3片真叶时分苗，苗龄控制在40～50天，长出6～8片真叶、第一花序现蕾时即可移栽。

育苗

定植

（3）整地做畦。前茬作物收获后及时翻地，结合整地亩施充分腐熟的优质有机肥5000千克、复合肥50千克作基肥，肥土充分混合均匀。整地做畦，畦面平整，土壤细碎。

（4）移栽定植。选晴天上午或傍晚进行，双行定植，行距50厘米，

株距 35～40 厘米，亩植
1800～2000株，定植后盖上
地膜和小拱棚，促早缓苗。

（5）田间管理。白天棚
内温度保持在20～25℃，晚
上不低于13℃。株高30厘米
时及时搭架和绑蔓，单秆整
枝，主秆3～4穗果后摘芯，
第一穗果有核桃大小时结合
浇水用复合肥追肥；番茄盛
果期，结合喷药喷施叶面
肥，用0.3%～0.5%尿素和
0.5%～1%磷酸二氢钾混合
喷施2～3次。及时摘除下部
老、病叶，以利通风透光，
减轻病虫为害。及时防治早
（晚）疫病、青枯病、灰霉
病、病毒病、蚜虫、红蜘
蛛、潜叶蝇等病虫害。

果实成熟

豇豆搭竹架

❷ 豇豆

（1）品种选择。选用耐
热、抗病虫、高产优质的品
种，如之豇282、宁豇3号、杨
研2号等。

（2）播种。夏秋豇豆采用
直播。番茄败蓬后，应及时清
园，销毁枯枝残叶，减少残留
在田间的病源，保留番茄竹架
与大棚顶膜，除去裙膜，利用

施肥灌水

番茄畦，在原番茄旁播种，每穴3～4粒种子，灌水后播种，力争出全苗。

（3）田间管理。豇豆苗出齐后及时查苗补苗，并适时定苗，施一次提苗肥，以速效氮肥为主。及时引蔓上架。开花结荚期适时追肥3～4次，以磷钾肥为主。整个生长期肥水管理要掌握"干花湿荚"和"前控后促"。同时采收下层豆荚，以提高上层豆荚产量。生长期间注意防治白粉病、锈病、蚜虫、豆野螟等，白粉病、锈病应提前预防，可选用氟菌·戊唑醇、氟菌唑等农药，蚜虫可用吡虫啉、阿维菌素、啶虫脒等防治，豆野螟在盛花期或2龄幼虫盛发期用氟虫腈防治。

（4）采收。豆荚粗长、豆粒未鼓起时及时采收，采收时不要损伤花序上其他花蕾。

③ 黄瓜

（1）品种选择。夏黄瓜应选择耐热、丰产性好、生长势旺盛、抗病性强（高抗霜霉病、白粉病、枯萎病等）、耐贮运、商品性佳的优良品种，如德瑞特736、绿冠A7、中农106、盛绿3号、津杂4号、津春5号、津优40号等。

（2）播种定植。夏秋黄瓜可采用穴盘基质育苗移栽或直播，番茄收获清园后，保留番茄竹架与大棚顶膜，除去裙膜，直接在番茄畦上种植黄瓜。播种或定植前灌水，让畦面保持湿润，在黄瓜长出3片真叶时定植，每畦栽2行，株距为30～40厘米，在晴天傍晚或阴天移栽，防止高温败苗。

（3）田间管理。

1）引蔓整枝。当株高0.3～0.4米时，宜在晴天下午适时引蔓上架，及时摘除主蔓1～6节长出的侧蔓，待主蔓长满架摘芯后，侧蔓顺其自然生长，及时摘除植株下部黄叶。

2）肥水管理。黄瓜喜肥，幼苗期吸收肥力弱，生长中后期需肥量大，前期根据植株长

植株管理

势进行追肥。第一次采瓜后，重追肥一次，亩施复合肥20千克。进入盛收期后，结合灌水每亩沟施15千克复合肥。幼苗在三叶和六叶期各喷施一次150～200毫克/千克乙烯利，增加雌花数，后期结合喷药根外追肥，促进黄瓜生长。

3）病虫害防治。夏秋黄瓜主要防治苗期猝倒病、生长期霜霉病、白粉病、角斑病、疫病、瓜蚜、瓜绢螟等病虫害。

（4）适时采收。黄瓜在开花后8～10天，即可采收。水肥充足的情况下，采收愈勤，产量愈高，一般每天采收。

适时采收

❹ 莴苣

（1）品种选择。冬莴苣宜选择耐寒、抗病、商品性佳、适应市场需求的品种，金华市场喜欢红皮、青肉的品种，如金浓香、金铭一号、永安一号、红香妃等。

（2）育苗。播种前先对种子进行消毒，然后浸种、催芽，有80%露白即可播种。苗床泥土整细，浇透畦面，按每克干种量均匀撒种1.5米²苗床，细土盖种，盖遮阳网保墒，出苗后揭去遮阳网，拱棚覆盖遮阳防雨，苗龄30～35天。

保温栽培

（3）整地定植。亩施腐熟有机肥2500千克、过磷酸钙50千克、硫酸钾肥20千克作基肥，每亩撒施生石灰50～75千克调节土壤酸碱度，整地做成畦宽1.8米（连沟）。带土移栽，按株行距35厘米×35厘米定植，栽后浇足定根水。

（4）田间管理。中耕除草，调节棚内温度和湿度，结合灌水、病虫害

防治追肥。

（5）病虫害的防治。莴苣主要防治霜霉病、菌核病、软腐病、蚜虫等病虫害。

（6）采收。莴苣平尖后采收，也可根据市场行情确定采收时间。

三、示例

金华市彭上蔬菜专业合作社种植大户徐设平，2015年480米²大棚（8米×60米）应用该栽培模式，2月28日定植番茄商品苗——普瑞特，6月5日采收，7月25日采收结束，采收番茄5760千克，产值8640元；黄瓜8月1日直播，9月10日上市，10月15日采收完毕，采收黄瓜2160千克，产值3240元；莴苣9月中下旬育苗，10月26日定植，大棚覆盖保温栽培，翌年2月28日开始上市，3月12日采收完毕，采收莴苣6320千克，产值25280元。三茬合计产值37160，折年亩产值51560元。

◎ 第六节 苋菜—甜玉米—香葱—香葱—香葱一年五茬栽培模式

一、茬口安排

（1）苋菜：1月上旬播种，采用撒播，2月下旬至3月上旬采收。

（2）甜玉米：1月上中旬播种，采用育苗移栽，苗龄35～40天，2月中旬套种，5月中旬采收上市。

（3）香葱：第一茬3月上旬播种育苗，苗龄50天左右，5月下旬玉米采收后定植，7月中下旬采收，生长期2个月；第二茬5月中旬播种育苗，

7月下旬定植，9月下旬采收；第三茬7月中旬播种育苗，9月下旬定植，12月采收。

二、栽培技术要点

① 苋菜

（1）品种选择。选用高产、优质、抗病、适合本地市场消费的品种，如圆叶红苋菜。

（2）整地做畦。上茬作物收获后及时整地，亩施有机肥2000千克、复合肥25千克。深翻耙平后做畦，畦面宽1.2米，畦沟0.3米。

撒播

（3）播种。播种前盖棚膜，棚两边设置裙膜以便通风。1月上旬撒播，亩用种量1千克，播后覆土0.5厘米，踏实浇透水，畦面平覆遮阳网和薄膜保温保湿，以利早出苗和出齐苗。

（4）田间管理。苋菜播种7～10天出苗后，除去畦面的遮阳网、薄膜，改用小拱棚覆盖，白天温度高揭去小棚膜通风透光，增加光合作用，夜间低温在小拱棚上加盖遮阳网保温。苋菜需经常保持田间湿润，底肥充足。生长期间可不追肥，若缺肥，可在3～5叶期追施以氮肥为主的稀薄液肥，第一次采收后灌水一次，亩施复合肥10～20千克，注意通风排湿，温度较低的情况下，宜上午10时后施肥，以利保温和降低棚内空气湿度。

（5）病害防治。苋菜抗病性较强，通风换气，降低棚内湿度是预防病害发生的有效措施。主要病害有白锈病，发病初期可选用甲霜铜防治。

（6）采收。播后45～50天、苗高12～15厘米、5～6片叶时第一次采收，第一次采收多与间苗相结合，要掌握收大留小、留苗均匀的原则，以利增加后期产量。株高20～25厘米时，即可采收上市。

❷ **甜玉米**

（1）品种选择。甜玉米有普通甜玉米、超甜玉米和加强甜玉米三大类型，以幼嫩果穗作水果蔬菜上市。宜选超甜玉米品种，如超甜3号、超甜204、超甜206、金菲、华宝1号、华珍等。

（2）培育壮苗。超甜玉米淀粉含量少，千粒重只有110~180克，

玉米套种苋菜

相当于普通玉米的1/3~1/2，发芽率低，顶土力弱。为保证甜玉米全苗和壮苗，要精细播种。采用大棚营养钵育苗，选用8厘米×8厘米营养钵，营养土选择富含有机质的菜园土，每钵2粒，深不能超过3厘米，播后浇透水，铺地膜，再盖小棚膜。在第二叶与第一叶大小相当、苗龄25~30天后移栽，移栽前喷0.2%~0.3%尿素。

（3）合理密植。2月中旬，苋菜采收了一次后，甜玉米套种在苋菜中，亩种植3300~3500株。合理的种植密度与品种特性、气候条件及肥水管理水平有关联，需根据果穗的商品要求，确定适宜的种植密度。

（4）肥水管理。定植后施轻薄肥，活苗后每亩追施尿素5千克，苋菜收获后结合培土、灌水追肥两次，每次亩施复合肥20千克，开天花后始穗至齐穗期，每亩追施壮粒肥尿素10千克。

（5）防治病虫害。主要防治玉米螟，在玉米大喇叭口期选用苏云金杆菌＋阿维菌素、印楝素等农药防治。甜玉米虫害防重于治，要治早、治小、治了。在防治病虫害的同时，要保证甜玉米的品质，尽量不用或少用化学农药，最好采用生物农药防治玉米害虫。

（6）采收上市。以鲜果穗作为水果蔬菜上市的甜玉米在乳熟期采收。玉米籽粒含糖量授粉后20天左右最高。春播甜玉米采收期在授粉后20~25天为好。甜玉米采收后应及时加工处理，以不超过12小时为宜，否则含糖量会逐渐下降。超甜玉米糖分下降比普通甜玉米慢，在室内存放2~3天或冰箱内存放7天，甜度变化不大，采收时要带叶，最好是边采收边上市。

3 葱

（1）品种选择。葱品种很多，要根据市场消费习惯选择适宜的品种，一般选用本地品种——金华四季葱，它的特点：植株细长直立、分蘖性强，绿色、管状叶、叶尖端细尖，须根发达、数量多、细小，种子繁殖、耐热耐寒、周年均可生产，香味浓、品质佳、产量高。

（2）播种育苗。培育壮苗，夏季高温可用遮阳网遮盖降温，春季低温可用小拱棚覆盖保温。亩播种量3.5～5.0千克，做到均匀精播。畦宽1.2米，过宽不利管理。

（3）整地施肥。前茬作物收获后，及时翻耕，亩施2500千克腐熟有机肥作基肥，配施复合肥20千克。

（4）密植浅栽。香葱移栽的深度宜浅不宜深，密度宜密不宜稀。深度6～7厘米，株行距10～15厘米，每穴3～5株。栽后浇足水，以利成活。栽植成活后浅锄松土清草。

定植

（5）肥水管理。四季葱根系分布浅，吸收能力较弱，故不耐浓肥、不耐旱涝，与杂草竞争力较差。在田间管理上必须做到薄肥轻施、雨排旱灌、土壤湿润。小葱生育期短，定植后7天左右浇一次水，结合追肥，生长期内追两次肥，每次亩施尿素5千克。在夏秋干旱时亦可经常保持半沟水，使畦土常保湿润。尤其是夏季，通过畦沟灌排换水，可降低土壤温度，防止高温滞苗伤苗。梅雨

旺盛生长期

季节做好清沟排水工作。

（6）防病治虫。小葱病害主要有霜霉病，发病前或发病初可用多抗霉素、甲霜灵、甲霜灵·锰锌喷雾防治，7～10天喷一次，连喷3次；虫害主要有葱蚜、潜叶蝇、蓟马、甜菜夜蛾，蚜虫可选用呋虫胺、啶虫脒防治，潜叶蝇可选用阿维菌素、灭蝇胺防治，甜菜夜蛾可选用虫螨腈防治，蓟马可选用多杀霉素、啶虫脒防治。

（7）采收上市。定植后30～40天，可根据市场行情采收上市。

三、示例

金华市香葱生产专业合作社，400多亩大棚，该生产模式占比量大。据调查，2014年苋菜亩产1500千克，亩产值9000～12000元；甜玉米亩产1500千克，亩产值4500～6000元；第一茬小葱亩产1750千克，第二茬小葱亩产1500千克，第三茬小葱亩产1750千克，三茬葱亩产5000千克，亩产值6500～10000元。年亩收入总计20000～28000元。

◎ 第七节 草莓—甜瓜（苦瓜）套种栽培模式

一、茬口安排

（1）草莓：9月上旬定植，11月下旬开始批量采收，翌年4月中旬至5月上旬采收结束。

（2）甜瓜：3月中下旬播种，4月上中旬定植，6月下旬至7月上旬采收。

红颊

（3）苦瓜：3月下旬至4月上旬定植，5月下旬至8月上旬采收。

二、品种选择

❶ 草莓

应选用休眠浅、中日照条件下能花芽分化的早熟、优质、高产品种，如红颊、越心等品种。

❷ 甜瓜

以高产、抗病、优质、商品性佳的品种为好，如东方蜜2号、伊丽莎白等。

❸ 苦瓜

应选择耐高温、货架期长、高产、抗病、优质的品种，如如玉5号、翠妃苦瓜等。

三、栽培要点

❶ 草莓

（1）施足基肥。亩施腐熟鸭粪3000千克、复合肥50千克，病害严重田块可加石灰氮25千克，翻耕后灌水淹没土壤，然后用薄膜密封15～20天。闷棚后，揭膜让水分自然落干，整地做畦1米（连沟），深沟高畦栽培。

（2）定植。选择叶柄短而粗壮、无病害、无严重虫斑、根茎粗1厘米左右、初生根多且白又粗、5～6张展开叶、长势强的商品苗定植。栽植深度"深不埋

双行定植

心、浅不漏根"。种植密度按株行距45厘米×（22～23）厘米，双行定植，每亩5500株左右。

（3）田间管理。草莓移栽后及时浇定根水，保持土壤湿润。10月上旬盖黑膜前，每亩穴施复合肥50千克，促进腋芽分化；草莓挂果膨大后，每亩追施15千克复合肥或优聪素等水溶性肥。看长势施肥，与灌水相结合，采用沟灌法，开沟灌水时，边灌水边把液肥舀到进水沟。视生长和结果情况增加氮和钾用量，生长势弱时增施氮肥，结果多时增施钾肥，一般25～30天施一次。10月下旬视温度情况覆盖大棚膜。低温寒潮来袭，则采用多层覆盖保温。

沟灌水

双膜栽培

（4）植株管理。植株除主芽外，保留2～3个侧芽，及时摘除病（老）叶、匍匐茎和其他侧芽。采果后及时摘除果柄。每一花茎留1个顶果、2个侧果。

（5）放蜂授粉。大棚盖边膜后放蜂入棚，适量喂饲白糖水，每棚一桶蜂即可。

（6）病虫害防治。苗期主要防炭疽病、黄萎病、白粉病。炭疽病在5月底开始选用对口药剂交替防治，如嘧菌酯、肟菌·戊唑醇等；灰霉病用啶酰菌胺、唑醚·氟酰胺等防治；白粉病用醚菌酯、枯草芽

放蜂入棚

孢杆菌防治。虫害如红蜘蛛用虫螨腈、丁氟螨酯等防治；蚜虫可用苦参碱、啶虫脒、矿物油等防治。

② 甜瓜

（1）育苗。采用基质穴盘育苗，少病害、范围小、缓苗期短。种子用温水浸泡消毒、催芽后播种。苗床大棚加盖小拱棚保温。

（2）基肥。4月上中旬草莓拉秧后，在两畦间每亩沟施腐熟鸭粪肥3000千克加复合肥50千克。

（3）定植。4月上中旬幼苗二叶一芯时定植，定植前拔除草莓清园，直接将甜瓜苗定植在草莓畦的中间，株距为45厘米，每亩1400～1500株。

定植

（4）生产管理。采用单秆整枝，每株留一个瓜，植株5～6片叶时插竿绑蔓，摘除主蔓11节以下的所有子蔓，12～15节子蔓留作结果枝，子蔓两叶时摘芯，主蔓25节后摘芯，幼果鸡蛋大时吊瓜。定植当天浇定根水，瓜苗需水量小，应控制浇水量，否则影响地温提高和幼苗生长。在果实膨大期即如鸡蛋大时，结合防病每亩追施15～20千克复合肥或营养液，在生长期内可叶面喷施2～3次磷酸二氢钾、复合微肥等叶面肥，促进植株生长、果实发育。成熟前10天左右应严格控制浇水，以提高果实的品质和风味。

单秆整枝

（5）主要病虫害防治。苗期主要病害为猝倒病、立枯病，可用噁霉灵、代森锰锌等农药防治。生长期主要病虫害为蔓枯病、白粉病、蚜虫、红蜘蛛等。蔓枯病用嘧菌酯防治；白粉病用三唑酮防治；蚜虫用吡虫啉、苦参碱、啶虫脒等防治；红蜘蛛用阿维菌素、虫螨腈等防治。

③ 苦瓜

（1）定植密度。一般采用嫁接商品苗直接在草莓畦中间定植，每亩300～380株。

（2）肥水管理。草莓拉秧后，亩施腐熟有机肥3000千克、复合肥50千克。第一批瓜采收后，每亩追施15～20千克复合肥，结合防病灌水，每10～20天沟灌追肥一次。也可用营养液叶面喷施。

（3）植株管理。当幼苗长到20～30厘米时，及时搭架引蔓，采用每排每株插一根竹竿，上部用拉绳固定，离地2.2米处架设水平网或篱架网，网孔10厘米，除去主蔓50厘米以下全部侧蔓，引蔓上竿攀附至网上自然生长。

定植密度与引蔓上架

篱架栽培

（4）病虫害防治。主要防治霜霉病、疫病、白粉病、蚜虫和瓜实蝇等病虫害。

四、示例

草莓—甜瓜套种栽培模式示例：江东镇前贾村贾志维户，种植3亩，2013～2015年草莓亩产量2100千克，亩产值40000元；甜瓜亩产量4150千克以上，亩产值13260元。该户每亩大棚平均年产值53260元。

草莓—苦瓜套种栽培模式示例：江东镇雅金村贾志维户，1.5亩草莓套种苦瓜，2013～2015年草莓平均亩产量1625千克，平均亩产值32000元；苦瓜平均亩产量5200千克以上，亩产值10540元。该户每亩大棚平均年产值42540元。

◎ 第八节 紫叶莴苣—番茄—瓠瓜栽培模式

一、大棚茬口安排

莴苣9月上旬播种育苗，10月上旬定植，翌年2月中旬至2月下旬采收；番茄11月中下旬播种育苗，或购成品苗，翌年3月中旬定植，6月中下旬至7月中下旬采收；瓠瓜7月上旬播种育苗，7月下旬定植，9月上中旬至11月中下旬采收。

二、栽培技术要点

① 紫叶莴苣

（1）品种选择。宜选择耐寒性好、较抗病、皮红肉青、质香脆、口味佳、质量好、产量高的品种，如大绿洲、红香脆、农福、金铭一号、超级金香一号等。

（2）播种育苗。秋莴苣宜在9月1～5日播种；冬莴苣一般可在9月中下旬播种，每亩用种量10～15克，秋季播种适当增加播种量。选好苗床，施入基肥，深翻整平整细，覆膜待播，或者采用基质穴盘育苗。种子经催芽处理，1/3露白时即可播种。一般上午播种，适当稀播，播后用草帘或遮阳网平盖保湿，出苗后随即揭去覆盖物，改成小拱棚覆盖，以利秧苗生长。

（3）移栽定植。前茬作物收获后翻耕晒地20天以上，亩施腐熟鹌鹑粪1500千克、复合肥50千克、硼砂1千克，深翻整平，做成1.35～1.5米宽的高

定植前灌水

大棚管理

畦。苗龄约25天，选择阴天或晴天傍晚带土定植，苗床提前1天浇水，以免起苗时伤根，株距28厘米，行距35厘米，定植后及时浇稳根水，直至活棵为止。

（4）田间管理。秋季气温较高，可利用遮阳网覆盖降温和遮光，避免莴苣提早抽薹。肥水充足是秋莴苣优质高产的关键，高温干旱及时灌水，但不可漫灌，沟渠要畅通，方便排灌。秋莴苣生长时间短，缓苗后要施一次提苗肥。叶片由直立转向平展时，结合浇水重施开盘肥，亩施尿素20～30千克；封行前结合灌水在行间施复合肥30千克。肥水充足，则莴苣开展度大，茎粗壮，产量高。秋莴苣在干旱情况下易抽薹，肥水不足或温度过高都会促使早期抽薹，需保持土壤水分，促进茎叶生长。

（5）病虫害防治。遵循"预防为主、综合防治"的原则，优先采用农业防治、物理防治、科学合理地药剂防治，达到生产安全、优质紫叶莴苣的目的。

（6）采收。当莴苣主茎顶端和最高叶片的叶尖相平时即可采收。

② 番茄

（1）品种选择。宜选生长势强、易坐果、果形漂亮、商品性好、抗性强、耐贮运的无限生长型番茄品种，如以色列的FA—189、FA—516，荷兰玛瓦、百灵，瑞丰、金棚3号、浙杂203等。

（2）施肥做畦。亩施腐熟鹌鹑粪1500千克、复合肥50千克作基肥，铺施后复耕做畦，采取高畦双行定植，畦面宽90～100厘米，株距为40～50厘米，每亩2000株。

（3）移栽定植。番茄商品嫁接苗移栽时要求土壤湿润，应在移栽前一周左右灌水。定植深度不能高于子叶以下二分之一，穴深比苗坨高度略深。定植后及时浇定植水，覆膜，将膜孔用土封严。

定植、搭竹架　　　　　　　　　　　　沟灌

（4）田间管理。

1）温度管理。定植初期遇寒潮盖小拱棚保温防寒。缓苗后白天保持25～28℃，最高不超过30℃。夜间保持15℃以上，进入5月中下旬开始放夜风，白天不超过26℃，夜间不超过17℃。

2）肥水管理。定植初期控制浇水，视土壤状况、苗情浇灌，各穗花序坐果后，各追肥灌水1次，每亩每次追复合肥30～50千克。掌握花前少施肥，重施长果肥，追肥结合灌水沟施，并配用磷酸二氢钾等叶面追肥。

3）植株调整。及时插架引蔓上架，防止倒秧，并进行整枝，防止养分不必要消耗。采用单秆整枝，番茄长出3～4个花穗时，在其上留两片叶摘芯，作为第一基本枝。保留植株最上部两片叶腋内的侧枝进行连续摘芯。当第一果穗采收后，在最上部的两个侧枝中选一健壮侧枝不再进行摘芯；而另一侧枝留一叶，其余叶片剪除。放开生长的侧枝长出3～4个花序时，在最上部花穗上方留两片叶进行摘芯，作为第二基本枝。

植株管理

然后按同样方法培养第三基本枝、第四基本枝。这种整枝方法一般可结12～16穗果。同时要及时绑蔓,剪除老、黄叶,促进通风透光。

(5)病虫害防治。常见的番茄病害有早疫病、晚疫病、叶霉病、病毒病和青枯病等。实行轮作,及时拔除病株,摘除病叶、病果,加强肥水管理,通风透光,降低田间湿度,可增强植株抗病能力。早(晚)疫病和叶霉病可选异菌脲、氟硅唑、多抗霉素防治;病毒病可选病毒A、病毒灵(吗啉胍)防治;青枯病可选农用链霉素在番茄定植活棵后开始预防,每隔7～10天喷一次,共喷3～4次,发病后连喷2～3次。常见的番茄虫害有蚜虫和棉铃虫等,需及时喷药防治,可选用黄板、苦参碱、印楝素、阿维菌素、多角体病毒等综合防治。

番茄商品果

(6)及时采收。成熟番茄应及时分批采收,减轻植株负担,确保果品品质,促进后期果实膨大,提高产量。

③ 瓠瓜

(1)培育壮苗。宜选择耐热的油青、油绿、翠玉等瓠瓜品种。采用基质穴盘育苗,遮阳网覆盖,整个苗期应控制好温度和水分,防止幼苗徒长,苗龄20～25天。

(2)清园定植。番茄败蓬后,及时清园,以减少田间病源,确保后作安全。保留番茄竹架,直接利用番茄畦套种瓠瓜。幼苗长出3片真叶时定植,每畦栽2行,株距80～100厘米,亩栽800～1000株。在晴天傍晚或阴天移栽,定植后及时浇活棵水。

(3)幼苗处理。瓠瓜雌花形成适温25～30℃,在35℃的气温条件下,雌花较少,可在瓠瓜主蔓长出4～5片真叶时叶面喷施乙烯利,促进早生雌花,使主蔓10节左右开始着生雌花,提高前期产量。以傍晚喷施较好,喷施乙烯利时要注意使用浓度,以防抑制生长或雌花过多。生产上需留

15%～20%的幼苗不作处理，自然开雄花，以供人工授粉。

（4）整枝授粉。摘除底层的黄（病）叶，适当疏除基部细弱侧枝和过多的雌花，以利通风透光，减少病害。蔓长20～30厘米时及时引蔓上架。秋瓠瓜在大棚内栽培，需人工辅助授粉。

（5）肥水管理。瓠瓜生长势较其他瓜类弱，生长期短，结果集中，除施足基肥外，生长前期还要多次追肥。定植成活后施提苗肥一次，摘芯后施分蔓肥一次，果实迅速生长期施长果肥一次，以后视长势每采收2～3批果追一次肥，亩施复合肥10千克左右。还可追施叶面肥，补充养分，增强抗性。同时注意防渍排涝，遇到旱季灌水防旱。

整枝

及时采收

（6）及时采收。商品瓜30～40厘米长、6～8厘米粗，宜适时采收。

三、示例

雅畈镇三村里村蔬菜基地种植大户汪桂堂，2013～2014年480米²大棚，莴苣产量3500千克，产值10490元；番茄产量3560千克，亩产值5560元；瓠瓜产量4850千克，产值12100元。四茬合计产值28150元，折年亩产值39000元。

◎ 第九节 萝卜—豇豆—香菜—莴苣周年栽培模式

一、茬口安排

（1）萝卜：上年12月中旬播种，2月下旬至3月上旬采收。

（2）豇豆：3月下旬播种（定植），直播或穴盘育苗移栽，苗龄15～20天，采收期5月中旬至7月下旬。

（3）香菜：8月上旬播种，9月中旬至9月底采收。

（4）莴苣：8月下旬播种，苗龄35～40天，10月上旬定植，11月下旬至12月上旬采收。

二、主要栽培技术

① 春萝卜

（1）品种选择。选择产量高、品质好、耐寒、耐抽薹的优良萝卜品种，如白玉春、新白玉春、新白玉二号等。

（2）整地施肥。选择土层深厚、肥沃疏松的地块，精细耕作，亩施腐熟有机肥2000千克、复合肥30千克作底肥，整地做畦。

（3）播种。选用品种纯正、粒大饱满的种子。采用点播，每穴播1～2粒种子，播后覆盖地膜，并扣大棚。

（4）温度管理。萝卜前期要求温度较高，抑制其抽薹，促进肉质根养分积累和迅速肥大。7叶期前封闭大棚，白天保持在20℃以上，晚上在5℃以上，不能低于0℃；7叶期开启小棚间苗，每穴留1株。7叶期后逐渐加强通风量，晴天温度保持在20℃以上。采收期应尽可能加强通风换

保温栽培

气，降低棚内温度，推迟抽薹。

（5）肥水管理。春萝卜生育期较短，施足基肥后，通常不需追肥。萝卜耐旱能力较差，田间土壤要保持湿润，但不能过湿。直根膨大期需水量大，可晴天午后沟灌，保持沟中有5厘米水，下午4时以后将沟中积水排出。

黄板与性诱剂防虫

（6）病虫害防治。大棚栽培春萝卜病虫害较少，主要防治蚜虫、菜青虫、黄条跳甲、黑斑病、霜霉病等病虫害。

（7）采收。萝卜充分膨大，即可采收上市。采收时间应灵活掌握，不仅考虑品种的特征特性，还应考虑市场行情和市民的消费习惯，以提高经济效益。

采收

② 豇豆

（1）品种选择。选用早熟、优质、高产、抗病的豇豆品种，如头王特长一号、中华豇豆王、之豇特早30等优良种。

（2）整地施肥。萝卜采收完毕，及时翻耕整地，亩施腐熟有机肥2000千克、过磷酸钙20千克，耙平做畦。

（3）播种。宽、窄行播种，宽行距65~70厘米，窄行距30~40厘米，穴距25~30厘米点播，每穴3~4粒种子，每亩4000穴左右。亩用种量4~5千克。

（4）肥水管理。苗出齐后开始蹲苗，插架时浇一次小水，花期控制肥水，掌握"干花湿荚"。结荚后，加强肥水管理，保持土壤湿润，每隔一周追肥一次，每亩追施尿素5~10千克，并叶面喷0.2%~0.3%磷酸二氢钾。

（5）搭架整枝。植株抽蔓时搭人字架，主蔓伸长后引蔓上架，使茎蔓

搭架

大棚、地膜覆盖栽培

均匀分布。主蔓长 2.0～2.3 米时，摘芯封顶。

（6）病虫害防治。主要防治蚜虫和豆野螟等虫害。蚜虫可用呋虫胺、啶虫脒防治；豆野螟在盛花期或 2 龄幼虫盛发期喷药，可用氟虫双酰胺防治，每隔 7～10 天喷一次，连喷 2～3 次。

（7）采收。豆荚粗长、豆粒未鼓起时及时采收。

大棚遮阳栽培

③ 香菜

（1）品种选择。选用高株大叶品种。

（2）整地施肥。豇豆采收完毕，及时拉秧撤架、翻耕，亩施腐熟农家肥 2000 千克、过磷酸钙 25～30 千克，深耕细耙做畦搂平待播。

（3）播种。顺畦浇水，水渗后，将种子均匀撒于畦面，覆 1 厘米厚细土。或畦内撒播，播后搂平畦面，踏实，浇透水。每亩用种量 3～4 千克。

（4）田间管理。播种后连浇 2～3 次小水，出苗后控制浇水蹲苗，结合除草进行间苗，苗距 2～3 厘米，当叶色变绿时结合浇水每亩追施尿素 10～15 千克，以后浇一水追一次肥，连追 2～3 次。

（5）采收。9月中下旬根据市场行情灵活上市。

④ 莴苣

（1）品种选择。冬莴苣宜选
择耐寒、抗病、商品性佳、适应
市场需求的品种，如金浓香、金
铭一号、永安一号、红香妃等。
（2）培育壮苗。8月下旬在
大棚内遮阴育苗，播种前进行种
子消毒、浸种、催芽，有80%露
白即可播种。苗床整理，出苗后
揭去遮阳网，改用小拱棚覆盖遮阳防雨。

大棚覆盖栽培

（3）整地定植。定植前做好土壤消毒，施足基肥。翻耕做畦，畦宽
（连沟）1.5米，按株行距35厘米×35厘米带土定植，浇足定根水。
（4）田间管理。移栽后10～15天，中耕除草，促进根系生长，看苗追
肥，苗长势差的前期用人畜粪加10千克尿素追肥。
（5）病虫害防治。及时防治霜霉病、菌核病、软腐病、蚜虫等病虫害。
（6）采收。莴苣平尖后根据具体情况确定采收期。

三、示例

蒋堂蔬菜基地种植大户章佐群，2013年180米²大棚，春萝卜产量
1354千克，产值2050元；豇豆产量1030千克，产值2470元；香菜亩产量
453千克，产值3620元；莴苣产量906千克，产值1450元。四茬合计产值
9590元，折年亩产值35483元。

参考文献

[1] 华中农业大学. 蔬菜病理学. 二版. [M]. 北京：农业出版社，1995.

[2] 黄国洋，林伟坪. 农作物主要病虫害防治图谱[M]. 杭州：浙江科学技术出版社，2013.

[3] 浙江农业大学. 蔬菜栽培学各论. 南方本[M]. 北京：农业出版社，1986.

[4] 杨新琴. 蔬菜生产知识读本[M]. 杭州：浙江科学技术出版社，2012.

[5] 黄启元，胡正月. 南方早春大棚蔬菜高效栽培实用技术[M]. 北京：金盾出版社，2007.

[6] 林桂荣，李宏宇. 茄子标准化生产技术[M]. 北京：金盾出版社，2008.

[7] 吕佩珂，李明远，吴钜文. 中国蔬菜病虫原色图谱[M]. 北京：中国农业出版社，1992.

[8] 杭州市蔬菜科学技术研究所. 杭茄系列品种及其栽培技术[M]. 上海：上海科学技术出版社，1995.

[9] 华夏西瓜甜瓜育种家联谊会. 西瓜甜瓜南瓜病虫害防治[M]. 北京：金盾出版社，2000.

[10] 曹碚生，江解增，李良俊. 水生蔬菜栽培实用技术[M]. 北京：中国农业出版社，2004.

[11] 刘庆仁. 蔬菜病害识别检索与疑似病害诊治图说[M]. 北京：中国农业出版社，2007.

［12］晏儒来.茄果类蔬菜园艺工培训教材.南方本［M］.北京：金盾出版社，2008.

［13］金华市气象局.金华气候评价［P/OL］.http://www. jhqxj. gov. cn/jhqxj/.

［14］章镇，王秀峰.园艺学总论［M］.北京：中国农业出版社，2003.

［15］章镇.园艺学各论.南方本［M］.北京：中国农业出版社，2004.